STEM 创新教育系列

青少年

左利鑫 史卫亚 / 编著

Python
编程入门

U0299846

人 民 邮 电 出 版 社

北京

图书在版编目（CIP）数据

青少年Python编程入门 / 左利鑫，史卫亚编著. --
北京 ：人民邮电出版社，2019.6
ISBN 978-7-115-51014-3

Ⅰ．①青… Ⅱ．①左… ②史… Ⅲ．①软件工具－程
序设计－青少年读物 Ⅳ．①TP311.561-49

中国版本图书馆CIP数据核字(2019)第069093号

内 容 提 要

Python 可以用来做机器人!通过编程实现人工智能!

Python 不需要任何基础!中小学生也能学会!

Python 前景广阔!一招在手，天下无敌!

……

在纷繁的编程世界中，Python 毫无疑问已经成为非常适合青少年学习的语言。它入门简单，应用广泛，青少年既能玩得开心，又可以为将来的深造打下基础。

本书就是专为青少年打造的 Python 入门读物。全书图文并茂，讲解细致，从搭建开发环境入手，逐步引导读者掌握 Python 的基础知识、核心操作及编程技巧，最后深入了解编程思维。

本书适合 Python 语言的零基础读者学习，尤其适合青少年读者阅读使用。此外，对中小学人工智能相关课程及青少年编程培训班的授课教师，也有一定的参考作用。

◆ 编　　著　左利鑫　史卫亚

责任编辑　张　翼

责任印制　周昇亮

◆ 人民邮电出版社出版发行　　北京市丰台区成寿寺路 11 号

邮编 100164　电子邮件 315@ptpress.com.cn

网址 http://www.ptpress.com.cn

固安县铭成印刷有限公司印刷

◆ 开本：700×1000　1/16

印张：15.75　　　　　　　　2019 年 6 月第 1 版

字数：342 千字　　　　　　2024 年 12 月河北第 26 次印刷

定价：45.00 元

读者服务热线：(010)81055410　印装质量热线：(010)81055316
反盗版热线：(010)81055315
广告经营许可证：京东市监广登字20170147号

青少年为什么要选择学习 Python？

与其他编程语言相比，Python 学习起来非常简单，但功能却十分强大。从电脑上常见的应用软件，到手机上热门的 APP，再到近年来火热的人工智能、机器人、大数据……到处都有 Python 的身影。青少年掌握 Python 后，可以对编程思维有深入的理解，并为将来的深造打下坚实的基础。

本书讲了什么？

本书根据青少年的学习能力组织内容，由浅入深介绍知识点及其应用方法，帮助读者领略 Python 的魅力！全书共分 3 个部分。

第 1 ~ 3 章：基础入门

要学习 Python 语言，首先必须搭建好开发环境，然后在此基础上学习数据类型、表达式、运算符及流程控制语句等基础知识。青少年在学习完这部分内容之后，可以大致了解编程的基本思维，并利用 Python 编写语句实现简单的功能。

第 4 ~ 7 章：知识进阶

该部分将带领青少年了解 Python 语言的核心知识，包括字符串、序列、函数、模块及函数库等。其中的典型范例介绍了如何利用序列进行排序与求和，以及如何通过函数快速产生随机数并处理日期和时间数据等。

第 8 ~ 9 章：图形界面

本部分在面向对象思想的基础上，介绍了如何利用 tkinter 套件建立窗口，以及如何在窗口上添加各种控件等操作，帮助读者开发出"看得见"的软件。

本书适合谁学习？

本书由左利鑫、史卫亚和岳福丽三位老师共同编著，适合 Python 语言的零基础读者学习，尤其适合青少年读者阅读使用。此外，对中小学人工智能相关课程及青少年编程培训班的授课教师，也有一定的参考作用。

编　者

2019 年 1 月

目 录

CONTENTS

第 **1** 章

打造 Python 世界

1.1 认识 Python

　　Python 程序语言究竟是如何诞生的？对于这个问题，有很多种说法，其中一种说法是，在 1989 年，Python 程序语言的创始人 Guido van Rossum（吉多·范罗苏姆）为了打发圣诞假期，决心为非专业的程序设计人员开发一款新的脚本语言（Script Language），由于他是"蒙提·派森飞行马戏团（Monty Python's Flying Circus）"的爱好者，所以当这款新的脚本语言设计好后，他就以 Python 来命名这款新开发的语言。Python 程序语言自1989 年推出，至今已有近三十年的历史，它是一款功能强大、成熟且稳定的高级语言，支持命令式编程、函数式编程、面向对象程序设计。同时 Python 程序语言可以跨平台运行，无论是在 Linux、Mac 还是在 Windows 系统上，都可以畅通无阻地使用。

· 1.1.1 Python 的版本

　　Python 目前的版本主要包括 2.x 系列和 3.x 系列，下表列举了其发展过程中较为重要的版本。

版本	简介
2.0	2000 年 10 月 16 日发布，支持 Unicode 和垃圾回收机制
2.7.13	2006 年 12 月 17 日发布
3.0	2008 年 12 月 3 日发布，该版本与之前的 Python 2.X 程序不完全兼容
3.5	2015 年 9 月 13 日发布
3.6	2016 年 12 月 23 日发布，也是本书介绍知识点时所采用的版本

　　一般来说，程序语言会不断以新版本来取代旧版本。而 Python 程序语言的特别之处在于 Python 2.x 和 Python 3.x 同时存在，但彼此之间并不完全兼容。Python 官方声称Python 2.7 是 Python 2.x 系列的最后版本，该版本可用的资源丰富，有许多第三方函数库都以它为基础。Python 3.0（也称 Python 3000，或简称 Py3k）为了不显得累赘，在设计时没有考虑向下兼容，许多针对早期 Python 版本设计的程序都无法在 Python 3.0 上正常运行。但无论怎样，它们都属于 Python 程序语言。本书将在 Windows 操作系统的环境下，使用 Python 3.6 来介绍 Python 程序语言的相关语法和结构。

提示 什么是第三方（Thrid-party）函数库？

- 为了方便学习者使用，程序语言官方往往会把编写好的程序打包，以"标准函数库"［Standard Library，也称类别库或模块（Module）］的形式供我们使用。Python 必须通过"import"语句导入这些模块才能使用这些程序。
- 第三方函数库（或称第三方套件）和第三方模块则是相关的程序开发者编写好的应用程序，它们同样要在 Python 环境下运行，其中包含多种不同的函数，功能强大，应用广泛。

1.1.2 安装 Python 软件

Python 程序语言编写的程序代码必须在 Python 运行环境中进行解释，只有这样系统才能识别这些程序，然后执行程序，输出运行结果。下表介绍了常用的 Python 解释器（Interpreter）。

解释器	简介
Python	官方提供的免费软件，目前由 Python 软件基金会管理，是官方用 C 语言编写的解释器，本书将使用该软件进行介绍
ZhPy	中文称为"周蟒"，可使用繁 / 简中文语句编写程序
PyPy	使用 Python 程序语言编写，运行速度比 Python 快
IronPython	可调用 .NET 平台的函数库，将 Python 程序编译成 .NET 程序
Jython	使用 Java 语言编写，可以直接调用 Java 函数库

1.2 青春行——构建 Python 环境

在正式学习 Python 之前，必须先在电脑上构建 Python 环境，这样才能在其中编写程序并运行，因此本节将介绍构建 Python 环境的方法。Python 环境的构建主要包括 Python 的下载、安装和测试工作。

1.2.1 下载 Python 软件

首先到 Python 官方网站下载软件。

操作下载 Python 软件

Step 01 进入 Python 官方网站。❶ 选择"Downloads"选项；❷ 在下拉菜单中根据用户使用的操作系统进行选择，此处以"Windows"系统为例，单击"Windows"选项。

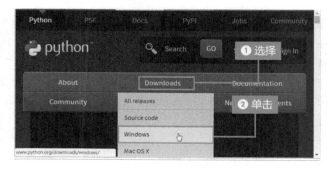

Step 02 选择版本"Python 3.6.1"。

Step 03 进入下载页面，滚动页面，找到适用的 Windows 版本（此处下载的版本是 Windows x86 executable installer）。

提示 要安装 Python 的哪一个版本？

Python 提供了多种版本，用户可根据以下分类进行选择。

• x86：适用于 32 位 Windows 操作系统，包括 Windows XP、Windows 7 和 Windows 8 等。

• x86-64：适用于 64 位 Windows 操作系统，包括 Windows 10 等。

· 1.2.2 安装 Python 软件

本书使用官方的 Python 软件来介绍相关内容，它包括 Python 3.6 和 pip 两部分。

● Python 3.6：Python 提供的解释器，由 Python 官方团队制作。其源代码完全开放，具有标准架构，任何人都能够根据标准制定 Python 的运行环境，后文中在介绍时会直接用"Python"来指代，不再使用烦琐的版本号。

● pip：管理 Python 第三方函数库的工具，是 Python 自带的管理工具，可参考下文 Python 软件安装的步骤 4 进行安装。

■ 操作安装 Python 软件

`Step 01` 双击已经下载好的文件，弹出信息提示框，单击"运行"按钮开始安装。

`Step 02` 进入软件安装界面。❶勾选 "Add Python 3.6 to PATH"复选框；❷勾选 "Install launcher for all users(recommended)"复选框；❸选择"Customize installation"选项。

步骤说明

Add Python 3.6 to PATH

◆ 表示将 Python 软件的运行路径添加到 Windows 的环境变量里，这样就可以在"命令提示字符"下运行 Python 命令。

Step 03 在"Optional Features"界面，选择使用默认选项，单击"Next"按钮。

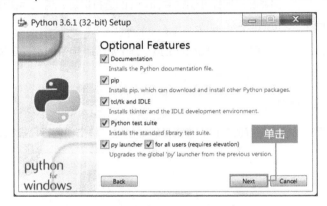

Step 04 进入"Advanced Option"界面。❶ 勾选所有选项；❷ 选择默认安装路径；❸ 单击"Install"按钮准备安装。

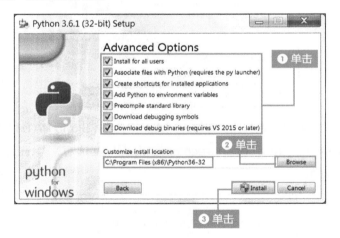

步骤说明

◆ 如果要更改安装路径，可以单击"Browse"按钮实现。

Step 05 进入安装过程。

Step 06 安装完成后，会弹出安装成功的提示信息，单击"Close"按钮结束安装。

· 1.2.3 测试 Python 环境

安装 Python 软件之后，要先确认系统是否已经自动加入环境变量，然后启动"Python环境"，用一个小程序来测试 Python 能否顺利运行。下面介绍具体的操作步骤。

操作1：确认环境变量

Step 01 利用【Win + R】组合键打开"运行"对话框。❶ 输入"sysdm.cpl"命令；❷ 单击"确定"按钮。

Step 02 弹出"系统属性"对话框。❶ 选择"高级"选项卡；❷ 单击"环境变量"按钮。

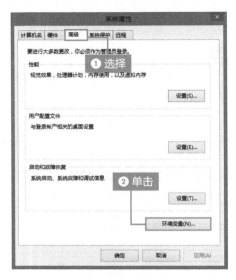

Step 03 弹出"环境变量"对话框，在这里可以查看在系统变量"Path"中，是否已加入 Python 软件的运行路径（查找其中是否有"C:\Program Files（x86）\Python 36-32\Scripts\"，如果有，就说明已经成功加入）。

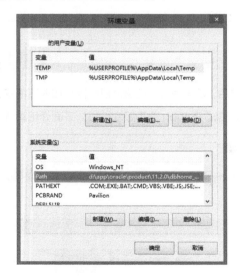

◆ 如果 Python 的运行路径未加入，可单击对话框下方的"编辑"按钮，输入"C:\Program Files(x86)\Python 36-32\Scripts\"（如果在前面的安装过程中，即在 Step4 中修改了安装路径，

则这里需要更改为修改后的路径），路径前后需要用半角分号 ";" 隔开。

安装好 Python 软件并确认环境变量的相关参数后，下面使用"命令提示符"窗口（后文中以"cmd 窗口"指代）来测试 Python 能否顺利运行。

■ 操作 2：在 cmd 窗口中测试 Python

Step 01 用【Win + R】组合键打开"运行"对话框。❶ 输入"cmd"命令；❷ 单击"确定"按钮，启动 cmd 窗口。

Step 02 进入 cmd 窗口。❶ 输入"python"并按下【Enter】键，窗口会自动显示 Python 的版本信息，并进入 Python Shell 交互模式，此时会显示 Python 特有的提示字符"＞＞＞"。❷ 输入数学式"5.7/3.6*2.14"并按下【Enter】键，界面会显示计算结果"3.388333333333333"，光标停留在"＞＞＞"字符后面。

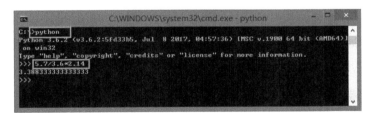

下面的案例介绍在 cmd 窗口下，用一个 Python 小程序对 Python 进行测试的方法。首先使用记事本编写程序，然后将其保存为"*.py"格式的文件，最后使用"quit()"命令退出 Python 环境。

■ 操作 3：小程序测试 Python 软件

Step 01 打开记事本，输入"print（'Python is great fun!'）"命令。

步骤说明

◆ 使用 print() 函数时，括号中必须放入字符串，字符串前后要加单引号或双引号。

Step 02 ❶ 选择"文件"菜单下面的"另存为"选项，在弹出的"另存为"对话框中设定文件保存的目录（D:\PyCode\CH01\）；❷ 在"文件名"文本框中输入"CH0101.py"（一定要输入扩展名".py"）；❸ 单击"保存"按钮。

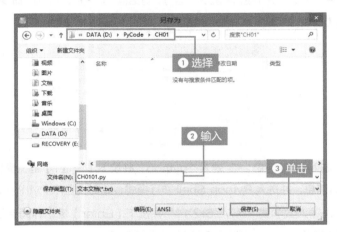

Step 03 ❶ 在"操作2"进入的 Python Shell 交互模式中输入"quit()"命令，退出 Python Shell；❷ 输入"d:"，进入 D 盘根目录；❸ 输入"cd PyCode\Ch01"命令并按【Enter】键确认；❹ 输入"python Ch0101.py"命令，再按【Enter】键确认，此时就会输出"Python is great fun!"。

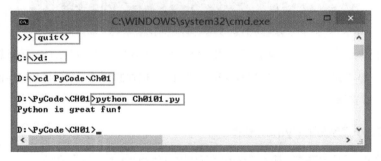

步骤说明

◆ 运行命令"cd"会切换目录到 Python 存储源代码的位置，注意"cd"和文件路径之间要有一个空格。

◆ 同样地，"Python"命令和文件名"Ch0101.py"之间也要有一个空格。

1.3 逛一逛 Python 大观园——IDLE （Integrated Development Environment）

Python 软件测试无误后，我们可以进入 Windows 系统的开始菜单，看一看 Python 3.6 的子菜单中有哪些有趣的内容！

只要在 Windows 操作系统下，无论什么版本，Python 3.6 子菜单中的应用程序都不会有太大差异。上图所示的子菜单应用程序中，IDLE 是 Python 的 IDE（集成开发环境，1.3.1 节会有详细介绍）软件，单击"IDLE"即可启动该软件。

1.3.1 Python 的 IDE 软件

要编写 Python 程序，除了可以使用最简便的"记事本"之外，还可以使用集成开发环境（IDE，Integrated Development Environment）。IDE 通常具有代码编辑、编译、调试等功能。下面列举 Python 常用的 IDE 软件。

● IDLE：由 Python 提供，是 Python 3.6 的默认安装选项，Python 安装完成后就可以看到。这款软件比较普通，其编辑和检错功能较差。

● PyCharm：由 JetBrains 打造，具备一般 IDE 的功能，可以以项目（Project）的方式对文件进行管理，同时它也能配合 Django 套件在 Web 上进行开发。

● PyScripter：由 Delphi 开发，可以在 Windows 环境中使用，它是免费的开源程序代码。

这些面向 Python 的 IDE，除了 IDLE 软件之外，都需要 Python 的支持，而且版本必须相适合。例如，要安装 PyCharm 软件，电脑上安装的 Python 软件必须是 PyCharm 所支持的才行。

1.3.2 启动 IDLE 软件

下面先来熟悉 IDLE 的操作界面。启动 IDLE 之后，除了可以看到 Python 软件的版本信息外，还可以看到它独特的提示字符"＞＞＞"，这表示已经进入 Python Shell 交互模式，如下图所示。

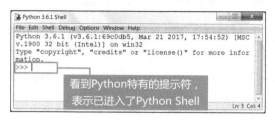

IDLE 应用程序有以下两个操作窗口，可以随时切换。

● Python Shell：提供编辑、调试、解释等功能，并可以显示 Python 程序代码的运行结果。

● Edit（编辑器）：用来编写 Python 程序。

IDLE 软件的 Python Shell 和 Edit 是两个可以彼此切换的窗口。IDLE 启动后，会默认直接进入 Python Shell，等待使用者输入 Python 语句。当然，也可以更改 IDLE 的默认设置，在启动后进入 Python 编辑器（Edit）。

1.3.3 Python Shell 交互模式

在 Python Shell 交互模式中，可以进行对话，产生互动！下面先来介绍它的一些基本操作。

● 在 Python Shell 中可直接输入 Python 语句。

IDLE 完全支持 Python 程序语言的语法，在 Python Shell 中，直接输入 Python 程序语言的语句并按【Enter】键，即可看到输出的信息，如下图所示。

● 输入部分关键词来展开列表，按【Tab】键可自动补全。

Python 提供了丰富的内置函数（Built－in Function，缩写为 BIF），输入部分字符后，按【Tab】键即可展开函数列表，如下图所示。

输入部分字符后，按【Tab】键即可自动补全函数，如下图所示。

● 加载已使用的命令：【Alt + P】和【Alt + N】组合键可以分别用来加载曾使用过的上一个和下一个命令语句。

● 打开编辑器（Edit）：单击"File"菜单下的"New File"子菜单命令，即可打开编辑器。

1.3.4 Edit 窗口编写程序代码

用 Edit 窗口来编写程序与使用"记事本"来编写类似——看到光标即可输入文字，按【Enter】键即可换行。下面介绍它的基本操作。

● 新建空白文档：单击"File"菜单下的"New File"子菜单命令。

● 保存编写的程序文件：单击"File"菜单下的"Save"子菜单命令；如果是第一次存储，那么会弹出"另存为"对话框。

● 打开 Python 程序文件：可以通过单击"File"菜单下的"Open"子菜单命令打开"打开文件"对话框，调用所需文件。

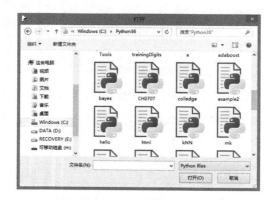

● 打开 Python Shell 窗口。❶ 单击"Run"菜单；❷ 运行 Python Shell 命令，就可以看到 Python Shell 的">>>"提示字符了，如下图所示。

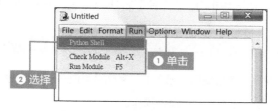

● 运行程序：编写好的程序要进行解释运行时，可以通过执行"Run ／ Run Module"命令来实现，运行结果会通过 Python Shell 窗口输出。

● 如果对 Edit 中的程序做了修改，则必须先存储才可以解释运行。如果不想每次都出现提示信息，可运行"Options ／ Configure IDLE"命令进行更改。

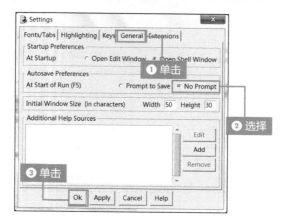

· 1.3.5 用函数 help() 获得更多帮助

在 Python Shell 交互模式中，可使用内置函数 help() 来获得更多帮助。如果要退出 Help 模式，输入 quit() 命令即可。此外还可以利用 help() 函数查询内置函数（Built-in Function, 缩写为 BIF）的使用方法。

■ 操作 help() 函数

Step 01 在 Python Shell 中，输入"help()"进入"help>"交互模式。

步骤说明

◆ 在使用 help() 函数时，其左、右括号不能省略，否则无法进入"help>"交互模式。

◆ 输入"help()"后，会进入"help>"交互模式；同时也会提示，如果想回到 Python 解释器，可以使用"quit()"命令。

Step 02 进入"help>"交互模式后，可以查询很多内容。例如，输入"keywords"，Python Shell 会列出 Python 程序语言保存的所有关键词。

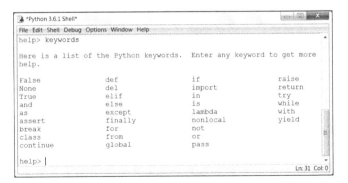

Step 03 想要进一步了解某个关键词所代表的意义，可以在"help>"交互模式下直接输入这个关键词。例如，输入"for"，按下【Enter】键会显示其语法，可以看到它的使用介绍。

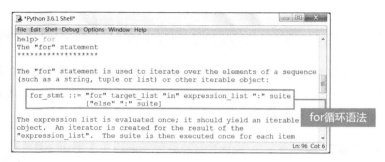

for循环语法

Step 04 想要知道某个内置函数（BIF）的用法，可以用同样的方法，直接输入内置函数的名称并按【Enter】键即可。例如，输入"range"并按下【Enter】键，它会告诉我们这是一个 "Built-in Function"，并列出它的相关参数，同时解释其意义，输出结果如下图所示。

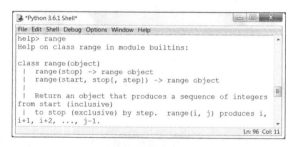

步骤说明

◆ 查询 range() 函数时，不能加入左、右括号，否则它会显示 "No Python documentation found for 'input()'"。

Step 05 要退出"help>"交互模式，输入"quit"命令，即可回到显示">>>"提示字符的状态。

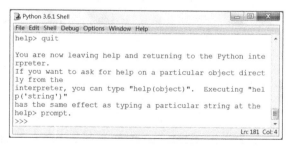

Step 06 如果当前状态位于">>>"字符下，那么还有另一种方法可以查询函数。可以把想要查询的函数放入括号内作为 help() 函数的参数，如"help（input）"，也会显示 input 函数的用法等信息。

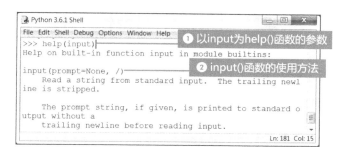

1.4 第一个 Python 程序

用 Python 程序语言编写的程序代码称作"源代码"（Source Code），需要以"*.py"为扩展名进行存储，然后再通过解释器将这些程序代码转换为字节码（Byte Code），如下图所示。

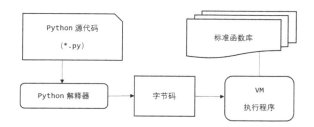

字节码会以计算机所熟悉的二进制形式运行，由于与运行平台无关，它能优化启动速度。只要源代码未被修改过，下一次运行时就会直接调用上次解释生成的字节码文件（*.pyc）。而无需对程序重新解释。这些解释过程会自动运行，使用者是看不到的。所谓的"*.pyc"就是 Python 的解释器用来保存字节码的文件。简单来讲，它是解释过的"*.py"文件。

完成解释的字节码并不直接在机器上运行，它必须通过 Python 的运行引擎 VM（Virtual Machine）来运行。VM 指的是能提供 Python 运行的虚拟机，字节码会在虚拟机上执行运算，这也正是 Python 能够跨平台运行的原因。如果导入了模块，VM 也会将它们一个个地运行。使用者可以查看结果是否正确。

· 1.4.1 开始写 Python 程序

Python 程序代码大部分由模块（Module）组成。每个模块会有若干行语句

（Statement），每行语句中可能有表达式、关键词（Keyword）和标识符（Identifier）等。下面以一个范例来介绍 Python 程序的写作风格。

■ 范例 CH0102.py——第一个 Python 程序

Step 01 启动 IDLE 软件，进入 Python Shell。单击 "File" 菜单下的 "New File" 子菜单命令。打开编辑器，创建新的文件。

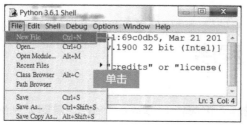
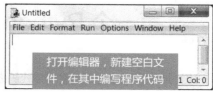

Step 02 在编辑器中输入下列程序代码。

```
01   # 第一个 Python 程序
02   """内置函数（BIF）
03   input() 取得输入值
04   print() 函数在屏幕上输出字符串 """
05   name = input ('请输入你的名字：')
06   print ('Hello! ' + name)
```

Step 03 保存文件。单击 "File" 菜单下的 "Save" 子菜单命令，弹出 "另存为" 对话框。❶ 确认保存位置；❷ 在 "文件名" 文本框中输入 "CH0102"；❸ 存储类型默认为 Python files；❹ 单击 "保存" 按钮。

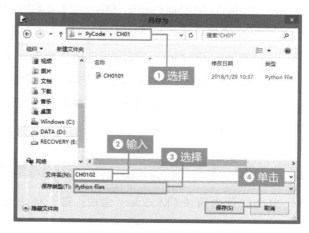

步骤说明

如果没有保存程序而直接解释运行程序，它会弹出提示信息，要求我们保存文件。此时单击"确定"按钮就会打开【另存为】对话框。

Step 04 运行程序。直接按【F5】键或单击"Run"菜单下的"Run Module"子菜单命令，可以对程序进行解释运行。

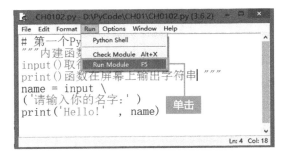

Step 05 若无任何问题，Python Shell 窗口将显示运行结果。

 步骤说明

· 程序代码若无错误，会以虚线分隔，并以字符串"RESTART: D:/PyCode/CH01/CH0101.py"来显示文件位置。

· 1.4.2 程序的注释

范例"CH0102.py"很简单，它通过 input() 函数取得输入的名字（即字符串），然后交给变量 name 暂时保存起来，再由 print() 函数输出结果。下面来认识一下程序的注释。

```
01   # 第一个 Python 程序
02   """内置函数（BIF）
03   input() 取得输入值
04   print() 函数在屏幕上输出字符串 """
```

程序代码的第 1~4 行为注释语句。程序运行时，解释器会直接忽略这些注释。也就是说，注释是为了便于编程人员理解而添加的。根据需求，Python 的注释可以分成两种。

● 单行注释：以"#"开头，后续内容即为注释文字，如范例"CH0102.py"程序代码开头的第 1 行所示。

● 多行注释：以 3 个双引号（或单引号）开始，写入注释内容后，再以 3 个双引号（或单引号）结束，如上述范例的第 2~4 行就是一个多行注释。

1.4.3 语句的分行和合并

Python 的程序代码是一行行的语句。有时候句子很长，需要想办法把它分成多行；有时候句子很短，则可以把它们合并成一行。

当语句的句子中有括号 ()、中括号 [] 或大括号 {} 时，可以利用括号的特性自动完成换行。

name = input(' 请输入你的名字：')
name = input(　' 请输入你的名字：')　# 利用左括号做换行

● 利用括号换行，无论是 Python Shell 还是编辑器都会自动缩行。

提示　不同括号的用法如下。

　　● 括号 ()：可以表示 Tuple（元组）数据类型，也可以用来放置函数或方法的参数，还可以在进行四则运算时调整优先级。

　　● 方括号 []：为运算符，用来存取列表类型的元素。

　　● 大括号 {}：表示字典数据类型。

● 加入强制换行的字符 "\"。

```
name = input \    # 加入换行字符 "\"
(' 请输入你的名字: ')
```

当两行语句都很短时,可以使用";"(半角分号)把语句合并成一行。不过多行语句合并成一行时,有可能造成阅读上的不方便,使用时需要慎重考虑!

```
a = 10; b = 20
```

· 1.4.4 程序的输入和输出

范例"CH0102.py"使用了两个内置函数:input() 函数和 print() 函数。input() 函数是取得输入内容,而 print() 函数则是将结果输出显示在屏幕上。这里先介绍 print() 函数,其语法如下。

```
print(value, ..., sep = '', end='\n',
  file = sys.stdout,    flush = False)
```

其中括号中参数的使用方法如下。

- value: 要输出的数据。若是字符串,前后必须加上单引号或双引号。
- sep: 以半角空格来隔开输出的值。
- end = '\n': 为默认值。"\n"是换行符号,表示输出之后,光标会移到下一行。如果输出后不需要换行,可以用空字符"end = ' '"来代替换行符号。
- file = sys.stdout: 表示它是一个标准输出装置,通常是指屏幕。
- flush = False: 运行 print() 函数时,可以决定数据是先暂存于缓冲区还是全部输出。

使用 print() 函数时,可以加入变量名称,并使用"+"(半角加号)或","(半角逗号)进行运算或将字符串连接起来。

- 对于 Python 动态类型,虽然只定义一个变量,但它可以依次存储"Grace,Judy,Mark",并在画面上显示。

- print() 函数的参数也能设定变量,然后用"+"进行加法运算。

■ 范例 CH0103.py——时间显示

Step 01 在 Python Shell 交互模式下，单击"File"菜单下的"New File"子菜单命令，打开编辑器，创建新的文件。

Step 02 输入下列程序代码。

```
01   import time # 导入时间模块
02   name = input(' 你的名字 -> ')
03   print('Hi', name, ' 现在时间: ')
04   print() # 输出空白行
05   print(time.ctime())
```

Step 03 保存文件，按键盘上的【F5】键解释、运行程序，在 Python Shell 中会输出结果。（【F5】键为执行程序的快捷键。）

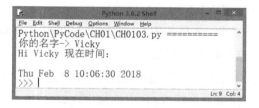

程序解说

◆ 第1行：导入时间模块来取得时间。

◆ 第4行：print() 函数不加任何参数，表示它会输出一行空白行。

◆ 调用 time 模块的 ctime() 方法来取得目前的日期和时间。

input() 函数我们已经用了很多次，它的用法就是获得使用者在屏幕上输入的内容，其语法如下。

```
input([prompt])
```

◆ prompt 表示提示字符串，同样要以单引号或双引号来括住字符串。

如果要把函数 input() 取得的数据进一步加以利用，则可以使用变量来存储它。

```
name = input(' 你的名字 ->' )
```

● 把输入的名字交由变量 name 存储，由于它并未使用换行符号，所以光标会停留在"你的名字 ->"后面。

1.5 新手上路

对于初学者来说，需要注意的是，使用 print() 函数输出信息，字符串的前后需要加上单引号或双引号。

● 正确的语句如下。

print("Hello Python!")　# 字符串 "Hello Python" 前后加双引号
print('Hello Python!')　# 字符串 "Hello Python" 前后加单引号

如果字符串没有加上引号，有可能会出现以下错误。

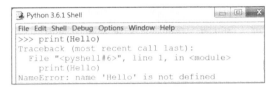

因为，运行上面的代码时，Python 的解释器无法判断"Hello"是什么？所以会出现错误提示"NameError"，提醒我们可能是"Hello"的名称未被定义。

● print() 函数中的字符串，如果忘记在结尾加上引号，则会显示 SyntaxError（语法错误），出现错误的位置，后方会用红色长条标明。

在上一节的程序代码中，如果其中一条语句在输入的时候出现错误（没有加右括号），那么，在运行这段程序的时候，会直接显示错误所在行（显示红色长条）。

章节回顾

● 公元 1989 年，创始人 Guido van Rossum（吉多·范罗苏姆）为了打发圣诞假期，针对非专业的程序设计人员开发了一款新的脚本语言（Script Language）。由于他是蒙提·派森飞行马戏团（Monty Python's Flying Circus）的爱好者，所以我们有了以 Python 为名称的程序设计语言。

● Python 2.x 和 Python 3.x 同时存在，但彼此之间并非完全兼容。Python 官方声称 Python 2.7 是 Python 2.x 系列的最后版本，由于资源较丰富，不少第三方函数库以它为基础。Python 3.x（也称 Python 3000，或 Py3k）没有向下兼容，提供支持的套件也比较有限。

● 解释 Python 程序代码必须通过 Python 运行环境进行。其中 Python 是官方的解释器，以 C 语言编写。

● 集成开发环境（Integrated Development Environment，缩写为 IDE）通常包括编写程序的语言编辑器、调试器，有时还会有解释器，Python 提供了 IDLE 软件作为 Python 程序语言的集成开发环境。

● Python 程序语言编写的程序代码称作"源代码"（Source Code），存储时需以"*.py"为扩展名进行存储。"源代码"经过解释转换成字节码，字节码需在 VM 虚拟机上运行才能输出结果。

● print() 函数将内容输出在屏幕上，而 input() 函数则用于取得输入的内容。

自我评价

1. 利用 print() 函数输出下列运算的结果。

　（1）78 + 56

　（2）125 - 41

2. 参考范例 CH0103.py，输出"Hello! 自己的名字"。

3. 使用 print() 函数配合相关符号输出下列小图案，并解决可能碰到的问题。

第 **2** 章

Python 百变箱

章节导引	学习目标
2.1 存储数据的变量	认识对象三要素：标识符、类型和值
2.2 Python 的整数类型	熟悉无限精度的整型和只有 True、False 的布尔类型
2.3 Python 的浮点数类型	讨论 float、Decimal、复数、有理数
2.4 认识表达式	认识 Python 运算法则：先乘除后加减，括号优先
2.5 赋值运算符	学会为变量进行赋值操作
2.6 逻辑、比较运算符	学会比较两个操作数大小或计算逻辑值

2.1 存储数据的变量

Python 是面向对象的语言（Object-Oriented），所有数据都是以对象的形式存在的。每个对象都具有标识符、类型和值。

● 标识符（Identity）：如同每个人拥有的身份证一样，它是独一无二的。每个对象的标识符可看作对象在内存中的地址，它生成之后就无法改变，我们可使用内置函数 id() 来查看对象的标识符。

● 类型（Type）：对象的类型决定了该对象可以保存什么类型的值、进行什么样的操作以及遵循什么样的原则，我们可使用内置函数 type() 来查看对象的类型。

● 值（Value）：在某些情况下，对象的值是"可变"（mutable）的，但有些对象的值定义之后就"不可变"（immutable）。

对象的类型不同，其分配的内存空间也不一样。内存空间是数据存放在内存中的临时储存空间，用来方便运算。许多程序语言必须先声明"变量"（Variable），然后在程序的运行过程中对变量进行赋值时，给变量分配内存空间。而 Python 则通过"对象引用"（Object reference）来存储数据。后续的内容中"变量"和"对象引用"这两个名词会交替使用。

· 2.1.1 关键字

Python 的关键字（keyword）通常具有特殊意义，所以它会预先保留而无法用作标识符。常用的 Python 关键字如下表所示。

continue	assert	and	break	class	def	del
lambda	for	except	else	True	from	return
nonlocal	is	while	try	None	global	raise
import	if	as	elif	False	or	yield
finally	in	pass	not	with		

如果编写的程序代码使用了关键字作为标识符名称，Python 解释器会发出"SyntaxError: invalid syntax"的警告，如下图所示。

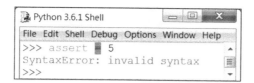

· 2.1.2 标识符的命名规则

给变量命名，要使用"标识符"（Identifier）。有了标识符名称后，系统会给变量分配内存空间，表示变量有了"身份"（Identity），可供识别。自定义标识符通常指的是给变量、常数、对象、类别、方法等命名，其命名规则（Rule）如下。

- 第一个字符必须是英文字母或下划线。
- 其余字符可以是其他的英文字母或数字。
- 不能使用 Python 的关键字作为标识符的名称。

由于Python程序语言区分英文字母的大小写，所以标识符"myName""MyName""my name"会被 Python 的解释器视为 3 个不同的名称。

新手上路

下述是两个定义变量的例子，但它们都出现了 "SyntaxError"（语法错误）。

- 变量名以数字开头，或者以关键字作为变量名称，导致出现语法错误。

- 变量名称的英文字母有大小写的区别，所以 birth 和 Birth 是两个不同的变量，变量名称不一致导致出现语法错误。

· 2.1.3 变量赋值

为变量赋值时，需要使用"="运算符，其语法如下。

> 变量名称 = 变量值

◆ 等号"="运算符并不是数学上的"等于"，而是指把右边的值（value）赋给左边的变量使用。

变量经过定义之后，标识符和值都有了！此时大家一定很好奇，定义变量时为什么没有指定数据类型？这是因为 Python 采用动态类型，它会依据赋的值来自动配置适当的数据类型（Type），这让变量的定义简单多了。

所谓的"动态类型"（Dynamic typing），是指在运行程序时，Python 自动决定对象类型。由于标识符的名称和类型是各自独立的，所以同一个名称指向不同的类型。在Python Shell 交互模式下，可以直接定义变量，使用 print() 函数可以输出该变量的值。此外，直接使用变量名称也能输出变量的值！

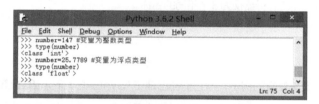

◆ Python 会根据数值 147 建立 int 类型，再建立一个名称为"number"的对象引用，将它指向 int 对象"147"。

◆ 内置函数 type() 用来查询变量 number 的类型，输出其类型是"class 'int'"。

◆ 将 number 定义为浮点数时，函数 type() 会以 float 类型输出。

如果改变 IDLE 的设置，Python Shell 的文字颜色会发生变化！ IDLE 的默认设置为，内置函数显示为紫色，输出的结果显示为蓝色，标识符显示为黑色，单行批注文字显示为红色。

内置函数 type() 可以识别对象的类型，函数 id() 可以取得对象的地址内存，它们的语法分别如下。

> type(object)
> id(object)

◆ object：经过定义的对象。

所以，想要取得变量 number 的内存地址，可以使用的语句如下。

> id（number） #输出 47363408（用户使用的配置不同，所以显示结果也可能不同）

◆ 使用函数 id() 取得内存地址。

◆ 从面向对象的视角来看，对象引用 number 的内存地址为 "47363408"，是由 id() 函数输出的，类型是 int（Integer），值为 11245。

Python 允许用户一次给一个变量赋值，同时也允许利用半角符号 ","（分隔变量）或 ";"（分隔表达式）对多个变量进行操作。

```
a1 = a2 =  55
a1, a2 = 10, 20
totalA = 10; totalB = 15.668        # 以分号串接两行语句
```

◆ 表示变量 a1 和变量 a2 都指向 int（整型）对象 55。

◆ 表示变量 a1 指向对象 10，变量 a2 指向对象 20。

提示 Python 提供的垃圾回收机制

• 从对象的特性来看，当变量 a2 储存的变量值由原来的 55 变成 20 时，这表示值 55 已无任何对象引用，它会变成 Python 垃圾回收机制（Garbage Collection）的对象。

新手上路

为变量赋值的时候，不能在数值之间加上千位符号。例如，原本是把变量 number 的初始值设为 "100100"，加上千位符号之后，Python 会将它视为元组（Tuple）而变成 "（100,100）"。在 Python 中，任何无符号的对象，如果用逗号隔开，Python 不会报错，而会默认其为元组，这一点需要特别注意。

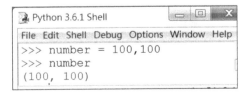

2.1.4 交换变量值

要交换（swap）两个变量的值，通常需要借助第 3 个暂存变量，其语句如下。

```
x = 5; y = 10
temp = x    # 1. 将变量 x 赋给暂存变量 temp
x = y       # 2. 再把变量 y 的值赋给变量 x
y = temp    # 3. 把变量 temp 的值再赋给变量 y 来完成变量值的交换
```

然而在 Python 中，有更便捷的方式可以轻松完成两个变量的交换操作。

```
x, y = 10, 20
print(x, y)  # 输出 10, 20
x, y = y, x  # 将 x, y 两个变量互换
print(x, y)  # 输出 20 10
```

前面已经介绍过，使用内置函数 input() 可以获得用户输入的内容，要取得连续输入的变量值，则可以结合使用内置函数 eval() 进行快速转换，其语法如下。

```
eval(expression, globals = None, locals = None)
```

◆ expression：必要参数，字符串表达式。

◆ globals 和 locals 为可选参数。若使用 globals 参数，必须采用字典对象（dict）；若使用 locals 参数，则可以是任意映射 (map) 对象。

下面以一个简单的例子来认识 eval() 函数的用法。

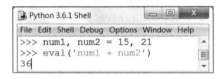

◆ 定义变量 num1 和 num2 的值分别为 15 和 21。

◆ 以 eval() 函数把两个变量以字符串的形式相加，会输出值 36。

新手上路

使用 eval() 函数时，如果变量不是以字符串的形式相加，那么运行程序时，会出现 "TypeError" 的错误提示！

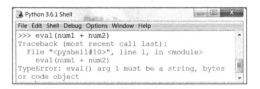

■ 范例 CH0201.py——用 eval() 函数取得输入值

Step 01 新建空白文档。在 Python Shell 模式下，单击 "File" 菜单下的 "New

File"子菜单命令。

Step 02 输入下列程序代码。

```
01   num1, num2, num3 = eval(
02       input('请输入三个数值，以逗号隔开：'))
03   total = num1 + num2 + num3
04   print('数值合计：', total)
```

Step 03 保存文件，按【F5】键运行。

程序解说

◆ 第1~2行：根据 Python 的变量可连续定义的特性，先用 input() 函数取得输入值，再用 eval() 函数取得连续变量值。所以输入的数值 1244 会赋给变量 num1，数值 84 会赋给变量 num2，数值 32652 会赋给变量 num3。

◆ 第 3 行：将变量 num1~num3 这 3 个数值的相加结果赋值给变量 total，再用 print() 函数输出，显示在屏幕上。

◆ 使用 eval() 函数来获得连续变量值时，必须以逗号隔开，否则会出现错误提示。

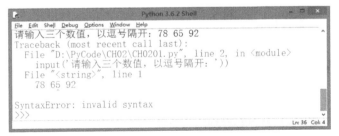

2.2 Python 的整数类型

Python 程序语言常用的数据类型（Numeric Types）包括整数类型和浮点数类型。本节首先介绍整数类型，下一节介绍浮点数类型。

· 2.2.1 整数

整数（Integer）是指不含小数位数的数值，Python 自带的整数类型（Integral Type）有两种：整型（Integer）和布尔型（Boolean）。有些程序语言会区分整型和长整型，对于 Python 来说，整数的长度可以"无限精度"（Unlimited precision），这意味着数值的大小仅受计算机内存容量限制。

对于 Python 3.6 来说，整数都是 int（Integer）对象的实例，其字面值（literal）以十进制（decimal）为主，可使用内置函数 int() 进行转换，特定情况下可以用二进制（Binary）、八进制（Octal）或十六进制（Hexadecimal）表示。下面列举了可以将十进制与其他进制进行转换的相关函数，如下表所示。

内置函数	说明
bin(int)	将十进制数值转换成二进制，转换的数字以 0b 为前缀
oct(int)	将十进制数值转换成八进制，转换的数字以 0o 为前缀
hex(int)	将十进制数值转换成十六进制，转换的数字以 0x 为前缀
int(s, base)	将字符串 s 依据 base 参数提供的进制数转换成十进制数

下述示例在 Python Shell 交互模式下，说明了进制转换函数的使用方法。

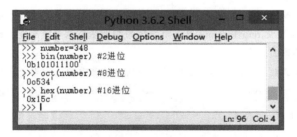

如果不想保留 0b、0o、0x 这些前缀字符，可以使用内置函数 format()，其语法如下。

```
format(value[, format_spec])
```

- value：用来设置格式的值或变量。
- format_spce：指定的格式。

那么，如何使用 format() 函数进行转换？我们通过下述范例进行讲解。

■ **范例 CH0202.py——用内置函数转换为十进制数值**

Step 01 新建空白文档。在 Python Shell 模式下，单击"File"菜单下的"New File"子菜单命令。

Step 02 输入下列程序代码。

```
01    number = int(input(' 输入一个数值 ->'))
02    print(' 类型: ', type(number))
03    print(' 二进制: ', bin(number))
04    print(' 八进制 ', oct(number))
05    print(' 十六进制 ', hex(number))
06    print(' 十进制: ', number)
07    # 使用 format 函数删除前缀字符
08    print(' 二进制: ', format(number, 'b'))
09    print(' 八进制: ', format(number, 'o'))
10    print(' 十六进制: ', format(number, 'x'))
```

Step 03 保存文件，按【F5】键运行。

◆ 第 1、2 行：利用内置函数 input() 将输入的字符串转换为整数类型，再赋值给变量 number 存储，所以函数 type() 输出其类型为整型（int）。

◆ 第 3~5 行：分别用内置函数 bin()、oct()、hex() 将变量 number 存储的值，以二进制、八进制和十六进制的格式输出。

◆ 第 6 行：print() 函数在这里只输出十进制，所以变量 number 依然以十进制显示。

◆ 第 8~10 行：使用 format() 函数将原十进制的变量 number，指定以 b、o、x 格式分别转换为二进制、八进制和十六进制字符串。并删除前缀字符的输出。

· 2.2.2 布尔类型

在 Python 程序语言中，bool(Boolean) 为 int 的子类，可以使用 bool() 函数进行转换。它只有"True"和"False"两个值，一般用于在流程控制时进行逻辑判断。比较特别的是，Python 允许它采用数值"1"和"0"来表示"True"和"False"。下述这些情况，其布尔值会以 False 输出。

● 数值为 0。

● 特殊对象为 None。

- 序列和集合数据类型中的空字符串、空的 List 或空的 Tuple。

当变量的值分别为 0 和 1 时，bool() 函数会以 False 和 True 输出，如下述示例所示。

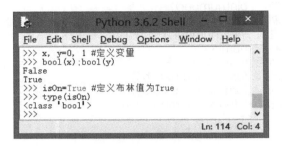

◆ 分别将变量 x、y 赋值为 0 和 1，通过内置函数 bool()，会分别以 False、True 输出。再把变量 isOn 设成布尔值，使用 type() 函数可以说明它是一个布尔（bool）类型。

2.3 Python 的浮点数类型

简单来说，浮点数指的是含有小数的数值。在 Python 程序语言中，有如下 3 种数据类型可供选择。

- float：存储高精度的浮点数，它会在程序运行时自动调整数据的精确度范围。

- complex：处理复数数据，由实部和虚部组成。

- decimal：若数值有精确的小数，需要导入标准函数库的 decimal.Decimal 类型，由其相对应的属性和方法进行支持。

2.3.1 Float 类型

浮点数(float)类型除了用带有小数的形式表示，也可以使用科学计数法表示，如下所示。

```
8.9e-4 # 科学计数法 0.00089
```

处理浮点数时，可以使用内置函数 float() 进行转换，它的用法与 int() 函数并无太大差异。它可以创建浮点数对象，只接受一个参数，如下例所示。

```
float()    # 没有参数，输出 0.0
float(-3)  # 将数值 -3 变更为浮点数，输出 -3.0
float(0xEF) # 参数可使用其他进制的整数
```

如果需要使用浮点数来表示正无穷大（ Infinity ）、负无穷大（ Negative infinity ）或非数字 NaN（ Not a number ），可使用 float() 函数，使用方法如下。

```
float('nan')  # 输出 nan(NaN, Not a number)，表明它非数字
float('Infinity')  # 正无穷大，输出 inf
float('-inf')  # 负无穷大，输出 -inf
```

* float（'nan'）、float（'Infinity'）、float（'-inf'）是 3 个特殊的浮点数，其参数使用 'inf' 或 'Infinity' 均可。

导入模块

所谓"模块"（Module），就是指将一些具有特殊功能的程序代码，打包在一起，供其他人使用，我们习惯称它为"标准函数库"。要使用标准函数，必须通过 import 语句先导入，再与其他函数结合使用。import 的语法如下。

import 模块名称
from 模块名称 import 对象名称

* 导入模块时，必须将 import 语句放在程序的开头。
* 通过 from 语句导入模块，必须在 import 语句之后指定方法或对象名称。

导入模块之后，如果要使用某个函数（或是某个类的方法），就必须在前面加上导入的模块名称，再加上"."（半角）。例如，导入 math 模块后，调用 isnan() 方法的语句如下。

```
import math   # 导入计算用的 math 模块
math.isnan()  # 使用 math 模块的 isnan() 方法
```

范例 CH0203.py——认识正、负无穷数

Step 01　在 Edit 编辑器中，单击"File"菜单下的"New File"子菜单命令，新建空白文档。

Step 02　输入下列程序代码。

```
01   import math # 导入 math 模块
02   a = 1E309
03   print('a = 1E309, 输出 ', a)
04
05   # 输出 True，表示它是 NaN
06   print(' 为 NaN?', math.isnan(float(a/a)))
07   b = -1E309
08   print('b = -1E309, 输出 ', b)
09
10   # 输出 True，表示它是 Inf
11   print(' 为 Inf?', math.isinf(float(-1E309)))
```

Step 03 保存文件，按【F5】键运行。

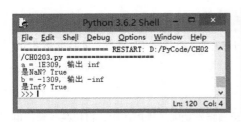 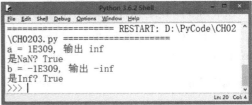

程序解说

◆ 第 1 行：通过 import 语句导入 math 模块（由标准模块所提供）。

◆ 第 6 行：由于 math 模块是一个类，因此需要调用它的 isnan() 方法，判断其是否为 NaN（非数字）。如果输出为 True，即表示它是 NaN。

◆ 第 11 行：isinf() 方法可用来判断数值是否为正无穷大或负无穷大，输出 True 表示它是正无穷大或无穷大。

由于浮点数类型（Float）本身也是类，当数值为浮点数时，可以使用浮点数类型（Float）提供的方法进行处理，如下表所示。

方法	说明	备注
fromhex（s）	将 16 进制的浮点数转为 10 进制	类方法
hex()	用字符串来输出 16 位浮点数	对象方法
is_integer()	判断是否为整数，若小数位数是零，会输出 True	对象方法

使用"定义的对象名 + '.' + 方法名"可以调用该方法。

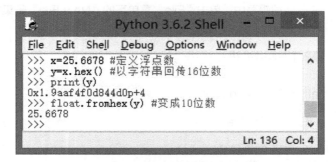

◆ hex() 是对象方法，由于变量 x 就是对象，因此可以直接用变量 x 加上"."运算符来使用该方法。

◆ fromhex() 是 float 类的方法，必须加上 float 类才能使用，所以语句是"float. fromhex()"。

is_integer() 方法的输出结果为布尔值。当小数位数是 0 时，输出 True；小数位数不是 0 时，则输出 False。

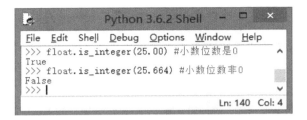

提示 类，函数和方法之间的关系：

- **类**：由于 Python 用对象来处理数据，当我们导入模块时，因其本身是类（Class），所以需要配合"."（半角）进行访问调用，即"类.属性"或"类.方法"。
- **函数**：由于 Python 程序语言同样支持面向过程，所以它有内置函数。
- **方法**：一般称某个类提供的功能为"方法"。

无论函数还是方法，都可以直接使用或者在括号（）中放入参数使用。

2.3.2 复数类型

复数（complex）由实部（real）和虚部（imaginary）组成。为便于区分，在虚部后面还需要加上 j 或 J 字符。complex() 的语法如下。

```
complex(re, im)
```

- re 为 real，表示实部。
- im 为 imag，表示虚部。

complex 是内置函数，其本身也是类，可以用属性 real 和 imag 来取得复数的实数和虚数。使用"."（dot）运算符可以对其进行访问调用，语法如下。

```
z.real  # 取得复数的实部
z.imag   # 取得复数的虚部
z.conjugate() # 取得共轭复数的方法
```

- z 为 complex 对象。
- 对于复数"3.25 + 7j"，使用 conjugate() 方法可以取得共轭复数"3.25 - 7j"。

利用 Python Shell 先设置一个变量 number，保存一个复数"17 + 5j"，使用 real 和 imag 属性分别取得它的实部和虚部，再通过 type() 函数查询其类型，可知为复数类型。

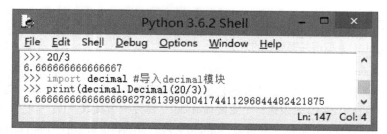

复数可以和一般数值一样，进行加、减、乘、除的运算，如下示例所示。

■ 范例 CH0204.py——基本的加减乘除操作

Step 01 在 Python Shell 模式下，单击菜单"File"下的"New File"子菜单命令，新建空白文档。

Step 02 输入下列程序代码。

```
num1 = 3 + 5j; num2 = 2–4j
result = num1 + num2    # 输出  5 + 1j
result = num1 – num2    # 输出  1 + 9j
result = num1 * num2    # 输出 26 – 2j
result = num1 / num2    # 输出 –0.7 + 1.1j
```

2.3.3 Decimal 类型

Decimal 类型可以更精确地表示含有小数的数值。如"20/3"的计算结果，Python 会以浮点数来处理，但结果不够精确。若要取得更精确的数值，可以通过导入 decimal 模块，使用其中的 Decimal() 方法来实现。这样"print（decimal.Decimal（10/3））"的输出值就会比浮点数所处理的结果更精确，可参考下述示例。

使用 Decimal() 方法时，可以用浮点数作为其参数，但调用后，会返回一大串含有小数的数值。这说明使用 Decimal() 方法时，它具有"有效位数"。结合字符串的用法，"numA = Decimal（'0.235'）"表示有效数字含有 3 位小数。如果是两个数值相加，其结果的有效位数会以两个数值中的最大有效位数为准；如果相乘，则是把两个数值的有效位数相加。

范例 CH0205.py——Decimal 类型的使用

Step 01 在 Python Shell 模式下，单击菜单"File"下的"New File"子菜单命令，新建空白文档。

Step 02 输入下列程序代码。

```
from decimal import Decimal    # ①
num1 = Decimal('0.5534')
num2 = Decimal('0.427')
num3 = Decimal('0.37')
print(' 相加 ', num1 + num2 + num3)    # 1.3504
print(' 相减 ', num1 − num2 − num3)    # −0.2436
print(' 相乘 ', num1 * num2 * num3)    # 0.087431666
print(' 相除 ', num1 / num2)
# 1.296018735362997658079625293
```

* ①导入 decimal 模块的 Decimal() 方法，使用时就不需再加入 decimal 模块名称。
* 将 3 个变量值相加或相减，会以 Decimal() 方法所取得的最大有效位数为标准，所以输出 4 位小数。
* 将 3 个变量值相乘，会以 Decimal() 方法取得的有效位数相加（4+3+2）的和为标准，所以输出 9 位小数。
* 变量相除时会以 Decimal() 方法所设的有效位数为标准，所以输出 27 位小数。

· 2.3.4 认识有理数

分数并不属于数值类型。但在某些情况下，需要用分数来表达"分子 / 分母"形式，这对 Python 程序语言来说并不困难。用分数进行计算时，必须导入 fractions 模块。Fraction() 方法的语法如下。

```
Fraction(numerator, denominator)
```

* numerator：分数中的分子，默认值为 0。
* denominator：分数中的分母，默认值为 1。
* 无论分子还是分母，只能使用正整数或负整数，否则会发生错误。

使用分数进行运算时，必须导入 fractions 模块，操作方法如下所示。

```
import fractions # 导入 fractions 模块
fractions.Fraction(12, 18)  # 输出 Fraction(2, 3)
```

* 如果只导入 fractions 模块，必须以 fractions 类来指定 Fraction() 方法。

```
from fractions import Fraction
number = Fraction(12, 18)  # 可省略 fractions 类
```

```
Fraction(('1.348'))   # 输出 Fraction((337, 250))
```

```
Fraction((Fraction((3, 27)), Fraction((4, 24))))   # ①
```

◆ 使用 from 模块 import 方法来指定导入 Fraction 方法。

◆ 约分后，number 得到"Fraction（2, 3）"。

◆ 使用 Fraction() 方法时，也能以字符串为参数，在输出时会自动进行约分。

◆ 在①处，① Fraction() 方法分别以两个嵌套的 Fraction() 方法的结果为参数进行计算，输出"Fraction（2, 3）"。

新手上路

使用有理数时，不能写成如下形式，否则会出现"SyntaxError"错误提示。

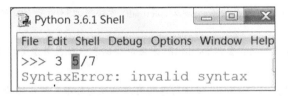

使用 Fraction() 方法可以自动约分，但两个参数必须同时为浮点数或者同时为整数，而不能将浮点数和整数混合使用，否则会出现"TypeError"错误提示。

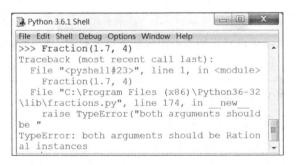

2.4 认识表达式

程序语言的最大作用就是将数据经过处理、运算后，转换成有用的信息供我们使用。

Python 程序语言有不同种类的运算符，可以和变量一起组成表达式，然后进行运算。表达式由操作数（operand）与运算符（operator）组成，具体说明如下。

- 操作数：包括变量、数值和字符。
- 运算符：包括算术运算符、赋值运算符、逻辑运算符和比较运算符等。

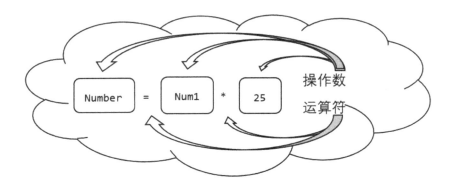

如果运算符只有一个操作数，则称其为一元运算符（Unary operator），例如表达负值的"–"（半角负号）就是一元运算符。如果有两个操作数，则称其为二元运算符，如后文将介绍的算术运算符。

· 2.4.1 算术运算符

算术运算符用于操作数的基本算术运算，包含加、减、乘、除等，如下表所示。

运算符	说明	运算	结果
+	把操作数相加	total = 5 + 7	total = 12
–	把操作数相减	total = 15 – 7	total = 2
*	把操作数相乘	total = 5 * 7	total = 35
/	把操作数相除	total = 15 / 7	total = 2.14
**	指数运算符（幂）	total = 15 ** 2	total = 225
//	取得整除数	total = 15 // 4	total = 3
%	除法运算取余数	total = 15 % 7	total = 1

Python 提供的算术运算符，其运算法则与数学中的运算法则相同：先乘除后加减，有括号者优先。Python Shell 的交互模式可以当作简易的计算器来使用，输入数字与算术运算符组成的表达式，即可输出运算结果，如下图所示。

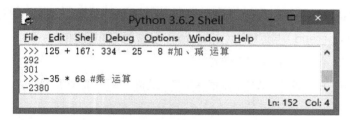

♦ 使用算术运算符的加 "＋"、减 "－"、乘 "×" 进行运算。

Python 根据数学运算法则的优先顺序运算得出的结果如下。

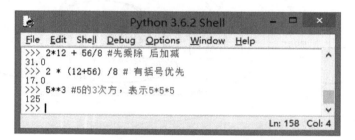

♦ 要计算 5 的三次方（5^3），需要使用指数运算符 "**"（又称幂运算：Exponentiation），即 "5**3"。

2.4.2 两数相除和相关的运算符

两数相除所得的 "商" 有以下 3 种情况。

● 两数相除得商，如果除得尽，Python 解释器会将所得商自动转换为浮点数类型。

● 如果除不尽，可以使用 "//" 运算符获得商的整数部分。

● "%" 运算符可用于取得商的余数部分。

下面通过数值 "118/13" 的运算来了解运算符的使用。

```
118/13    # 相除后，商以浮点数 9.076923076923077 输出
118//13   # 只会获得小于且最接近商的整数
118%13    # 相除后，由于除不尽，所以余数得 "1"

-118//13  # 输出 -10，是一个接近于 "-9.0769…" 的整数值
```

如果要将运算后的小数保留到指定位数，可以找内置函数 round() 来帮忙，它依据四舍五入的原则来指定输出的小数，其语法如下。

```
round(number[, ndigits])
```

♦ number：想要处理的数值。

♦ ndigits：可选参数，用来指定想要输出的小数位数，省略时会以整数输出。

用 round() 函数来处理圆周率 pi 的小数，其语法如下。

```
import math
round(math.pi)    # 第二个参数省略，输出整数 "3"
round(math.pi, 4)   # 指定输出 4 位小数，所以是 "3.1416"
```

如果要取得两个数值相除之后的商数和余数，最好选择内置函数 divmod()，其语法如下。

```
divmod(x, y)
```

- 参数 x、y 为数值。
- 先计算 "x // y" 的运算，再计算 "x % y" 的运算，结果以元组（Tuple）输出。

例：王小明手上有 147 元，去便利店买饮料，饮料一瓶 25 元，他最多可以买几瓶？店员要找王小明多少钱？

```
divmod(147, 25)   # 以 Tuple 输出 (5, 22)
```

- 计算表达式 "147 // 25"，得整数商值 "5"；再计算 "147 % 25" 得余数 "22"。
- 表示王小明可以买 5 瓶饮料，店员要找他 22 元。

再来看乘法运算："*"运算符表示将前后的操作数相乘；"**"则是指数运算符，表示将 "**" 符号前面的某个数值做幂运算。

```
5*6                              输出 30
5**6 # 表达式 5*5*5*5*5*5 就是 5^6    输出 15625
```

同样地，使用指数运算符，也可以将数值进行开根号处理，如下所示。

```
81 ** 0.5      # 输出 9.0
27 ** (1/3)    # 输出 3.0
```

· 2.4.3 代数问题

这里讲的代数问题不是要解代数难题，而是要以 Python 的独特眼光来解决代数问题。如果遇到 $z = \dfrac{(a+b+c) \times 2}{4}$ 或 $a\left(1 + \dfrac{b}{100}\right)^n$ 这样的代数表达式，首先需要将这两个代数表达式转换为 Python 的程序代码，如下所示。

```
z = ((a + b + c) * 2) / 4   # ①
a * (1 + b/100) ** n   # ②
```

- ①根据算术运算法则，先对括号内的变量 a、b 和 c 赋值并相加，再乘以数值 2，最后除以 4 来获得结果。
- ②先计算 "b/100"，再加数值 "1"，然后计算 n 次方，最后乘上 a 的值来获得结果。

下面用一个范例来介绍更复杂一些的代数表达式（假设 "$x = 23, y = 7$"）：
$z = 9\left(\dfrac{12}{x} + \dfrac{x-5}{y+9}\right)$。

范例 CH0206.py——将代数转为表达式

Step 01　先将表达式改为"z = 9 * (12 / x + (x − 5) / (y + 9))"。

Step 02　输入下列程序代码。

```
01   x = 23; y = 7;   # 指定变量 x、y 的值
02   z = 9 * (12 / x) + (x − 5) / (y + 9)
03   print('z = ', z)
```

Step 03　保存文件，按【F5】键运行。

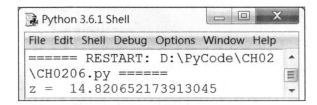

```
Python 3.6.1 Shell                          □ ×

File  Edit  Shell  Debug  Options  Window  Help
====== RESTART: D:\PyCode\CH02
\CH0206.py ======
z =   14.820652173913045
```

程序解说

◆ 程序代码很简单，就是把 x、y 的值代入表达式中，将表达式由左至右进行运算，再用 print() 函数输出变量 z 的值。

◆ 表达式如何进行运算？如下图所示，它会先计算①/②[（x−5）/（y+9）]；再加上③的值（12/x）；最后乘上④（数值9）。

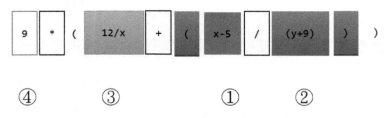

· 2.4.4　math 模块进行数值运算

我们还可以导入 math 模块，结合算术运算符进行更多运算。math 模块提供的属性和方法如下表所示。

属性、方法	说明
pi	属性值，提供圆周率
e	属性值，为数学常数，是自然对数函数的底数，又称欧拉数
ceil(x)	将数值 x 无条件进位成正整数或负整数

续表

floor(x)	将数值 x 无条件舍去成正整数或负整数
exp(x)	计算自然底数 e 的 x 次幂
sqrt(x)	计算 x 的平方根
pow(x, y)	计算 x 的 y 幂次方
fmod(x, y)	计算 x % y 的余数
hypot(x, y)	计算 $\sqrt{x^2+y^2}$ 的结果
gcd(a, b)	输出 a、b 两个数值的最大公约数
isnan(x)	输出布尔值 True，表示它是 NaN
isinf(x)	若输出布尔值 True，表示它是 Inf

提示

　　使用 import 语句导入的是模块，在本例中，导入的 math 模块属于 Python 的标准库。math 本身是类，由于使用了面向对象（Object-Oriented）的技术，它具有属性（Property）和方法（method）。

　　导入 math 模块之后，使用时只要输入 math 和 "."（半角），就会列出它的属性和方法。我们可以按键盘上的向上键（↑）或向下键（↓），再按【Tab】键或【Enter】键进行选取。

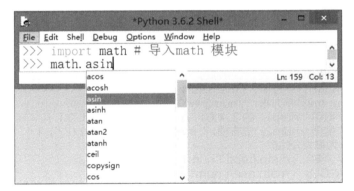

　　将 math 模块导入后，如果使用 ceil() 方法，则会将圆周率 "math.pi" 无条件进位成整数，输出数值 "4"；如果使用 floor() 方法，则会把小数无条件舍去，输出数值 "3"。

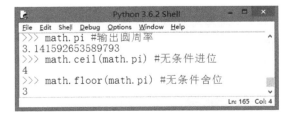

下面来认识另外两个方法：一个是由 math 模块提供的 pow() 方法，它有 2 个参数：x 和 y；另一个是内置函数 pow()，它有 3 个参数：x、y 和 z。语法分别如下所示。

```
math.pow（x, y）    #math 模块提供的 pow() 方法

pow（x, y[, z]）    # 内置函数 pow()
```

◆ 参数 z 用来求取余数，如果省略，则 pow（）与 math.pow（）的使用方法相同。

在下面这个例子中，分别使用了 math 模块的 pow() 方法和内置函数的 pow() 方法。

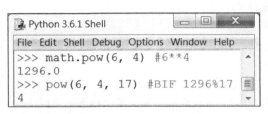
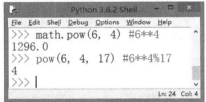

◆ 使用内置函数的 pow() 方法，输入 3 个参数，计算 "6 ** 4 % 17" 的结果。

■ 范例 CH0207.py——使用 math 模块

Step 01 在 Python Shell 模式下，单击 "File" 菜单下的 "New File" 子菜单命令，新建空白文档。

Step 02 输入下列程序代码。

```
01  num1, num2 = eval (
02          input（'输入两个数值来取得余数 -> '））
03  # 求平方根
04  print（num1,'平方根: ', math.sqrt（num1））
05  print（num2,'平方根: ', num2 ** 0.5）
06  print（'数值', num1,'的 3 次方: ', math.pow（num1, 3））
07  print（'数值', num2,'立方根: ', math.pow（num2, 1.0/3））
08  #GCD 为最大公约数
09  print（'余数: ', math.fmod（num1, num2））
10  print（'GCD: ', math.gcd（num1, num2））
11  print（'两数平方后相加再开根号', math.hypot（num1, num2））
12  # 自然对数
13  print（'指数函数: ', math.e）
14  print（'方法 exp（4）= ', math.exp（4））
```

Step 03 保存文件，按【F5】键运行。

程序解说

- 第4、5行：用 math 模块提供的方法 sqrt() 或者使用指数运算符，都可以得出数值的平方根。
- 第6、7行：用 math 模块提供的方法 pow() 计算数值的幂次方或立方根。
- 第9行：用 math 模块提供的方法 fmod() 计算变量 num1 除以 num2 的余数，这和使用余数运算符 "%" 的效果是相同的。
- 第10行：用 math 模块提供的方法 gcd()，可计算最大公约数。
- 第11行：用 math 模块提供的方法 hypot()，计算$\sqrt{num1^2 + num2^2}$的结果。
- 第13~14行：用 math 模块的属性 "e" 取得自然底数，再用方法 exp() 通过参数值 "4" 来计算自然底数的4次方。

2.5 赋值运算符

赋值运算符可以结合算术运算符一起使用，可以用变量作为操作数，把运算后的结果再赋值给变量本身。具体的操作方法通过下面的例子来介绍。

```
number = 13 # 赋值给 number 的变量值为 13
number = number + 30
```

- 将变量 number 的值 "13" 加 30 得到 43，再赋值给变量 number 保存。

```
number += 30 # 用赋值运算符简化前一行语句
```

前文中所列的算术运算符（+、-、*、/、**、//、%）都能结合赋值运算符使用，下表展示了这些赋值运算符的用法，假设变量 number 的初始值为 15。

运算符	运算	赋值运算	结果
+=	number = number + 10	number += 10	number = 25
–=	number = number – 10	number –= 10	number = 5
*=	number = number * 10	number *= 10	number = 150
/=	number = number / 10	number /= 10	number = 1.5
**=	number = number ** 3	number **= 3	number = 3375
//=	number = number // 4	number //= 4	number = 3
%=	number = number % 7	number %= 7	number = 1

新手上路

使用赋值运算符时，必须先对变量进行初始化操作，否则会出现下图所示的错误提示！

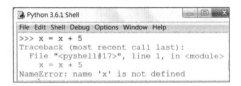

2.6 逻辑、比较运算符

无论是比较两个数值大小的比较运算符，还是进行逻辑判断的逻辑运算符，通常都会与控制流一起使用来进行条件判断，下面对其进行详细介绍。

2.6.1 比较运算符

比较运算符用来比较两个操作数的大小，结果以布尔值 True 或 False 输出，下表列出了这些比较运算符（假设 opA = 20，opB = 10）。

运算符	运算	结果	说明
>	opA > opB	True	opA 大于 opB，输出 True
<	opA < opB	False	opA 小于 opB，输出 False
>=	opA >= opB	True	opA 大于或等于 opB，输出 True
<=	opA <= opB	False	opA 小于或等于 opB，输出 False
==	opA == opB	False	opA 等于 opB，输出 False
!=	opA != opB	True	opA 不等于 opB，输出 True

下面利用 Python Shell 交互模式来认识它们。

◆ num1 的值大于num2,所以"num1 > num2"成立,输出 True ;"num1 < num2"不成立,输出 False。

◆ 字符串 wd1 的第一个字母 P 是大写,wd2 的第一个字母 p 是小写,所以"wd1 == wd2"不成立,输出 False;但是"wd1 != wd2"成立,输出 True。

注意,字符串和数值之间不可能相等,在用"=="运算符判断时,不可能输出"True";但若是整数和浮点数之间用"=="运算符判断,则会输出"True",如下所示。

num1 = '422' # 字符串
num2 = 422; num3 = 422.0 # 整数和浮点数
num1 == num2　　# ①
num2 == num3　　# ②
num1 != num3　　# ③两者并不相等

输出
① False
② True
③ True

2.6.2 逻辑运算符

逻辑运算符是用于对表达式的 True、False 值进行逻辑判断的,如下表所示。

运算符	表达式 1	表达式 2	结果	说明
and（且）	True	True	True	两边表达式都为 True,才会输出 True
	True	False	False	
	False	True	False	
	False	False	False	
or（或）	True	True	True	只要一边表达为 True,就会输出 True
	True	False	True	
	False	True	True	
	False	False	False	
not（否）	True	——	False	表达式取反,所得结果与原来相反
	False	——	True	

逻辑运算符常与控制流配合使用。and、or 运算符在进行逻辑运算时会采用"短路电路"（Short-circuit）运算,它的运算规则如下。

- and 运算符：只有当第一个操作数输出 True 时，才会继续第二个运算的判断；如果第一个操作数输出 False，就不会再继续。
- or 运算符：只有当第一个操作数输出 False 时，才会继续第二个运算的判断；如果第一个操作数输出 True，就不会再继续。

and 和 or 逻辑运算符的操作示例如下。

```
num = 12    # ① result 输出 True
result =（num % 3 == 0）and（num % 4 == 0）  # ①
# ② result 输出 True
result =（num % 3 == 0）or（num % 5 == 0）  # ②
```

- 逻辑运算符 and 两边的表达式 "num % 3 == 0" 和 "num % 4 == 0" 所得余数都为 "0"，所以输出 True。
- 逻辑运算符 or 左边的表达式 "num % 3 == 0" 所得余数为 "0" 的条件成立，所以输出 True。

下面我们再来认识 not 运算符的取反作用。

	输出
num1 = '422';num2 = 422; # 字符串和整数 not num1 != num2 # ① not num1 == num2 # ②	① False ② True

- ①因为 "num1 != num2" 条件成立，所以结果为 "True"，但经过 not 运算得到取反结果，最终以 "False" 输出。
- ②因为 "num1 == num2" 条件不成立，所以结果为 "False"，但经过 not 运算得到取反结果，最终以 "True" 输出。

• 章节回顾

- 由于 Python 是面向对象（Object-Oriented）的语言，可以用对象（Object）来表达数据，所以每个对象都具有标识符（Identity）、类型（Type）和值（Value）。
- 标识符命名规则（Rule）必须遵循：①第一个字符必须是英文字母或下划线；②其余字符可以搭配其他英文字母或数字；③不能使用 Python 关键字。
- Python 的数据类型（Date Type）中较常用的有整数、浮点数、字符串，它们都拥有 "不可变"（immutable）的特性。
- 将十进制数值转换成其他进制时：bin() 函数用于将其转换成二进制；oct() 函数用于将其转换成八进制；hex() 函数用于将其转换成十六进制。
- bool（布尔）类型只有两个值：True 和 False，常在控制流中进行逻辑判断。需要注意的是，Python 采用数值 "1" 和 "0" 来代表 True 和 False。
- 浮点数就是含有小数的数值。在 Python 程序语言中，浮点数类型有 3 种：① float

存储精度浮点数；② complex 存储复数数据；③ decimal 表达数值更精确的小数位数。

- 复数（complex）由实部（real）和虚部（imaginary）组成。虚数的部分，必须加上字符 j 或 J 字符。可以使用内置函数 complex() 将数值类型转换为复数（complex）类型。

- 表达式由操作数（operand）与运算符（operator）组成：①操作数包含变量、数值和字符；②运算符包括算术运算符、赋值运算符、逻辑运算符和比较运算符等。

自我评价

一、填空题

1. Python 中的所有数据都是以对象形式表达的，每个对象都具有①_____、
②_____、③_____。

2. 请简单说明下列变量定义发生了什么问题？

```
raise = 78    # ①
7seven = 258    # ②
birth = '1988/5/25'
print（BIRTH）    # ③
```

①_____；②_____；
③_____。

3. 将十进制数值以_____函数转换成二进制；_____函数转换成八进制；_____函数转换成十六进制。

4. 下列语句说明了什么？_____。

```
number = 125
number = '457'
```

5. 下列语句会输出什么？_____。

```
number, grade = 78, 65
number, grade = grade, number
print（number, grade）
```

两个变量进行了_____操作。

6. bool 类型有两个值：以数值"1"表示_____；数值"0"表示_____。

7. 复数由_____和_____组成，可以由内置函数_____进行类型的转换。

8. 下列语句的输出值是多少？_____。

```
from fractions import Fraction
number = Fraction ( 256, 788 )
print ( number )
```

9. 下述表达式的运算结果：①＿＿＿、②＿＿＿、③＿＿＿、④＿＿＿。

```
348/25
348//25
358%25
81**0.3
```

10. 将代数表达式 $\dfrac{x^2+y^2}{3}$ 转换为 Python 表达式：＿＿＿＿。

11. 下列函数和方法经过运算后的结果：①＿＿＿＿；②＿＿＿＿。

```
import math
math.pow ( 64, 7 )      # ①
pow ( 64, 7, 37 )       # ②
```

12. 下列语句经过比较、逻辑运算会输出什么值？

①＿＿＿、②＿＿＿、③＿＿＿、④＿＿＿。

```
a, b = 125, 67
a < b   # ①
a != b  # ②
not a < b   # ③
( a % 5 == 0 ) or ( b % 11 == 0 )     # ④
```

二、实践题

1. 王小明的考试成绩如下：语文 78 分、数学 63 分、英语 92 分。如何用 eval() 函数来输入这 3 科的分数，并计算它们的总分和平均分。

2. 王小明打算买 100 支铅笔在学校使用，他询问后发现最便宜的铅笔是每支 4.35 元，请问，他至少要花多少钱？要如何编写程序？会发生什么问题？

3. 已知 x=78，y=126，利用 math 模块求 $\sqrt{x^2+y^2}$ 及 x 和 y 的最大公约数。

## 第 3 章

使用控制流

章节导引	学习目标
3.1 程序控制简介	了解程序控制的概念及分类、常见的流程图符号，认识 Python suite 缩进
3.2 选择结构	理解 if 语句可以单向选择、双向选择，elif 在多重条件下只能择其一
3.3 while 循环	循环次数不确定时，使用 while 循环语句
3.4 for/in 循环	循环次数确定时，使用 for/in 语句，常常和 range() 函数同时使用
3.5 continue 和 break 语句	理解 continue、break 语句的异同

3.1 程序控制简介

• 到目前为止，我们编写的程序全部都是按顺序执行的，只有当一句执行结束后，才会执行下一句。然而，对于稍微复杂一些的程序，按顺序执行远远不够，需要进行判断并重复执行，这时就要用到控制流。"结构化程序设计"是软件开发的基本精神，它的基本思想就是按照由上而下（Top-Down）的设计策略，将较复杂的内容采取"模块化"的方式，分解成小的并且较简单的问题进行处理，程序逻辑具有单一的入口和出口，所以能单独运行。一个结构化的程序一般包含下列 3 种基本结构。

• 顺序结构（Sequential）：由上而下的程序语句，这也是前面章节中最常见的控制流，如定义变量并输出变量值，如下图所示。

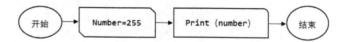

• 选择结构（Selection）：选择结构使用条件选择语句，根据不同的条件将执行不同的分支语句。选择结构根据其条件的多少又可进一步分为单一条件选择结构和多重条件选择结构。例如，在台风天气，我们通常需要根据风力级别来选择是否放假——当风力小于 10 级时，不放假；当风力大于等于 10 级时，放假。这就是一个典型的条件判断过 程，而在程序中，我们可以使用选择结构来实现上述判断。

• 循环结构（Iteration）：循环结构可视为循环控制，在符合条件时会重复运行某一段程序，直到条件不符合为止。例如，假如一名购物狂只有在花光了所有的钱后才会离开商场，那么他会不断进行条件判断：如果剩余的钱大于零，则继续购物；如果剩余的钱等于零，则离开商场。

3.1.1 常用的流程符号

对于流程结构有了基本认识之后，下表介绍一些常见的流程图符号。

符号	说明
	椭圆形符号，表示流程图的开始与结束

续表

符号	说明
	矩形，表示流程的中间步骤，用箭头连接
	菱形代表判断，会因为不同的选择而有不同流向
	代表文档
	平行四边形代表数据的生成
	表示数据的保存

· 3.1.2 程序子块和缩进

其他很多程序语言会使用大括号 {}，来使括号内的语句形成一个整体，称为程序子块（Block）。在 Python 中，这样的程序子块叫做 suite。每个 suite 都是由关键词、半角冒号（:）以及相应的子语句构成的。需要注意的是，同一个 suite 中的子语句必须具有相同的缩进，否则解释时就会出现错误。通常，我们会在选择结构和循环结构中使用 suite。

下面进入 Python Shell 交互模式，以 if 语句为例，介绍 suite 程序子块和缩进的相关内容。

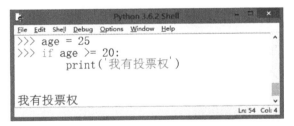

（1）先为变量 age 赋值"25"。

（2）输入 if 语句的条件表达式"age>=20"和英文半角冒号":"，然后按【Enter】键，这表示下面进入 suite（程序子块开始），这时光标会移动到下一行并自动缩进。

（3）输入 print 函数，由于它位于 suite 之内（程序子块中），所以会自动缩进。

（4）子语句输入完成后，再次按【Enter】键，表示 suite 结束（程序子块结束）。

（5）在本段程序中，通过判断可知，age 的值（25）大于 20，所以程序运行的结果会输出"我有投票权"。

3.2 选择结构

在选择结构中，可以根据条件判断的结果来控制程序的流向。选择结构可分为单一条件选择结构和多重条件选择结构。在单一条件选择结构中，可以使用 if/else 语句分别处理符合条件的情况和不符合条件的情况；而在多重条件选择结构中，就需要使用 if/elif 语句来进行多重选择。

3.2.1 if 语句单向选择

只有一个判断条件时，使用 if 语句。if 语句类似于 "如果……就……"。例如，在判断考试成绩是否及格时，如果分数大于等于 60，就显示及格。

if 语句的语法如下。

```
if 条件表达式 :
    # 表达式 _true_suit 语句
```

- ◆ if 语句结合条件表达式，进行布尔判断来取得真或假的结果。
- ◆ 条件表达式之后要有 ":"（半角），作为下一行自动缩进的说明。
- ◆ 表达式 _true_suit：符合条件的语句要缩进以生成程序子块，否则解释时会出现错误信息。

那么，if 语句是如何进行条件判断的？我们以判断分数是否及格为例。

```
if score >= 60:
    print('Passing...')
```

条件表达式 "score >= 60" 表示只有当输入的分数数值大于或等于 60 分时，才会显示 "Passing" 字符串。流程表示如下图所示，当条件运算成立时（True），会通过 print() 函数输出结果。

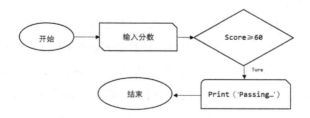

提示 在流程图中，使用菱形框来表示条件判断。

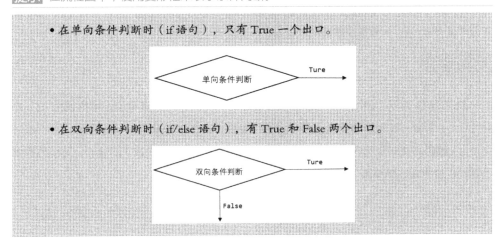

- 在单向条件判断时（if 语句），只有 True 一个出口。
- 在双向条件判断时（if/else 语句），有 True 和 False 两个出口。

范例 CH0301.py——if 单向判断语句

Step 01 在 Python Shell 模式下，单击"File"菜单下的"New File"子菜单命令，新建空白文档。

Step 02 输入下列程序代码。

```
01   score = int(input(' 请输入分数 -> '))
02   if score >= 60:
03       print('Passing...')
```

Step 03 保存文档，按【F5】键运行。

程序解说

- 第 1 行：变量 score 获得输入的分数。由于 score 是字符串类型的变量，因此需要使用内置的强制类型转换函数 int() 将其转换为整数类型。

◆ 第 2~3 行：if 语句之后的表达式"score >= 60"，利用比较运算符判断 score 变量是否大于或等于 60，如果条件成立就用 print() 函数输出"Passing…"。

新手上路

在 Edit 模式下，使用 if 语句进行条件判断时，只要在语句末尾加上半角冒号":"并按【Enter】键，就会自动缩进。初学者往往容易忘记在语句末尾加半角冒号":"，这时 Python 解释器在解释程序时会提示"invalid sysntax"（语法错误）的警告，对应的错误位置后面会出现红色横条。

在 Python Shell 交互模式下，也会产生同样的错误。

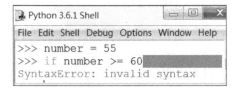

3.2.2 if/else 语句做双向选择

在刚才的例子中，如果分数大于或等于 60 分，就显示"及格"，否则不执行任何操作。但是我们希望分数不满足条件时显示"不及格"，那该怎么做呢？这时就要用到双向选择语句 if/else 了，它表示"如果……就……，否则……"。

```
if 条件表达式：
    # 表达式 _true_suite 语句
else：
    # 表达式 _false_suite 语句
```

◆ 表达式 _true_suite：符合判断条件时，即条件表达式为 True 的时候，会执行该语句。
◆ else 语句后面记得要加上":"形成 suite。

◆ 表达式 _false_suite：表示不符合判断条件时，即条件表达式为 False 的时候，执行该语句。

下面用一个示例来说明 if/else 语句的用法。

```
if score >= 60:
    print(' 通过考试 ')
else:
    print(' 继续努力 ')
```

条件表达式"score >= 60"判断输入的分数数值是否大于或等于 60：若条件成立，输出"通过考试"；若条件不成立（分数数值小于 60），则输出"继续努力"。单一条件双向选择的流程如下图所示。

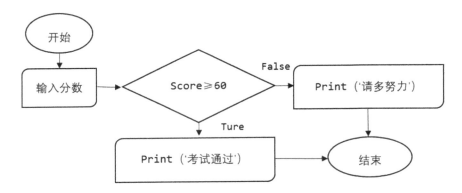

再来看一个例子，某超市举办促销活动，购物满 1000 元即可享受 95 折，购物不满 1000 元则不享受折扣。我们直接在 Python Shell 交互模式下执行这个程序。

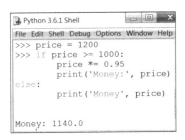

（1）if 语句加" ："构成 suite。

（2）else 语句加"："构成 suite，注意此处的 else 语句和 if 是并列的，因此不能缩进，否则将产生错误。

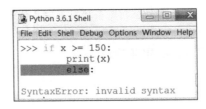

（3）按【Enter】键输出结果：1140.0。

范例 CH0302.py——if/else 语句做双向判断

Step 01 在 Python Shell 模式下，单击"File"菜单下的"New File"子菜单命令，新建空白文档。

Step 02 输入下列程序代码。

```
01   price = int(input(' 请输入购物金额 -> '))
02   if price >= 1500:
03       price *= 0.95
04       # 以 BIF round() 函数做整数输出
05       print(' 购物金额：RMB', round(price, 1))
06   else:
07       print(' 没有折扣，金额：RMB', price)
```

Step 03 保存文档，按【F5】键运行。

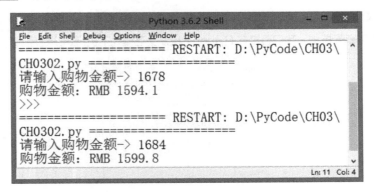

程序解说

◆ 输入购物金额数值，通过 if/else 语句进行判断。当金额大于等于 1500 元时，享有 95 折，此时会输出在 if 语句后面的 suite 中计算的折扣后的金额；若金额小于 1500 元，则原价输出。

◆ 第 5 行：内置函数 round() 会将打折后的金额四舍五入，以整数输出。

· 3.2.3 认识三元运算符

三元运算符是指有 3 个变量的运算符。三元运算符可以更简洁地表示 if/else 语句，其语法如下。

X if C else Y
Expr_ture if 条件表达式 else Expr_false

- ◆ 三元运算符：X、C、Y。
- ◆ X：Expr_true，条件表达式为 True 时的运算结果。
- ◆ C：条件表达式。
- ◆ Y：Expr_false，条件表达式为 False 时的运算结果。

下面仍以分数判断为例，但这次我们用三元运算符来判断。

```
score = 78
print(' 及格 ' if score >= 60 else ' 不及格 ')
```

- ◆ 直接以三元运算符作为 print() 函数的参数。
- ◆ 当变量 score 的值符合条件表达式 "score >= 60" 时，就会输出 "及格"，否则输出 "不及格"。

例 1：比较 a、b 两个数的大小，输出较大的数。

```
a, b = 147, 652    # 定义变量 a = 147, b = 652
print(a if a > b else b)
```

- ◆ 上面这段代码中，由于条件 "a > b" 并不成立，所以输出变量 b 的值 "652"。

例 2：某超市举办促销活动，购物满 1200 元时打 9 折，购物不满 1200 元则没有折扣。

```
amount = 1985
print(amount*0.9 if amount > 1200 else amount)
```

输出：1786.5

如果要在 3 个以上的数值中找出最大值和最小值，使用内置函数 max() 和 min() 就能轻松搞定，示例如下。

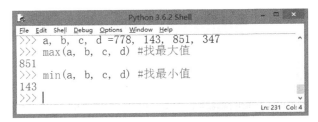

- ◆ 将变量 a、b、c、d 赋值后直接放入 max() 和 min() 函数，就能得出结果。

■ **范例 CH0303.py——使用三元运算符**

Step 01 在 Python Shell 模式下，单击"File"菜单下的"New File"子菜单命令，新建空白文档。

Step 02 输入下列程序代码。

```
01   a, b = 3, 9 # 定义变量 a = 3, b = 9
02   print('3 的平方是 9' if a*a == b else ' 非运算结果 ')
```

Step 03 保存文档，按【F5】键运行。

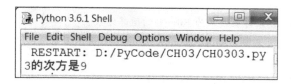

程序解说

◆ 用三元运算符结合 print() 函数来简化 if/else 语句。

◆ 第 2 行：if 语句之后的条件表达式 "a*a == b" 若成立，输出结果为 "3 的平方是 9"；若条件不成立，则输出 else 语句之后的结果。

· 3.2.4 多重选择

仍以分数判断为例，这次我们不只判断"及格"还是"不及格"，而是根据分数划分等次。不同等次及其对应分数如下表所示。

等次	分数
A	90~100
B	80~89
C	70~79
D	60~69
E	60 以下

根据 if 语句，可以把程序代码编写如下。

■ **范例 CH0304.py——嵌套 if 语句的使用**

Step 01 在 Python Shell 模式下，单击"File"菜单下的"New File"子菜单命令，新建空白文档。

Step 02 输入下列程序代码。

```
score = 78
if score >= 60:
    if score >= 70:
        if score >= 80:
            if score >= 90:
                print('A')
            else:
                print('B')
        else:
            print('C')
    else:
        print('D')
else:
    print('E')
```

这种 if 语句中又包含 if 的语句，称为嵌套 if 语句，表示只有当符合第一层的条件时，才会进入第二层进行条件判断，以此类推。不过，对于初学者来说，这种嵌套 if 语句 /else 语句比较难理解。

提示 使用嵌套 if 语句 /else 语句要有顺序性

- 可以从小到大进行条件判断，如范例 CH0304.py
- 可以从大到小进行条件判断，如下述示例。

```
grade = 68
if grade >= 90:
    print('A')
else:
    if grade >= 80:
        print('B')
    else:
        if grade >= 70:
            print('C')
        else:
            if grade >= 60:
                print('D')
            else:
                print('F')
```

我们会发现，如果对这种嵌套 if 语句做进一步修改，它就和 if/elif 语句十分相似了！

```
if grade >= 90:
   print('A')
else:
   if grade >= 80:
```

所以，多重条件判断分数等次的另一种方法就是采用 if/elif 语句，它可以将条件运算逐一过滤，选择最适合的条件（True）来执行某个区段的语句，它的语法如下。

```
if 条件表达式 1：
   # 表达式 1_true_suit
elif 条件表达式 2：
   # 表达式 2_true_suit
elif 条件表达式 N
   # 表达式 N_true_suit
else:
   # False_suit 语句
```

◆ 当条件表达式 1 不符合时，会继续选择下一个条件进行判断，直到出现合适的条件表达式为止。

◆ elif 语句是 else if 的缩写。

◆ elif 语句可以依据条件运算来生成多个条件表达式语句，每个条件表达式之后都要有冒号，其后的表达式形成程序子块。

用 if/elif 语句对上一个例子进行修改，根据分数进行成绩等次的评定，示例如下。

■ 范例 CH0305.py——if/elif 语句的使用

Step 01 在 Python Shell 模式下，单击"File"菜单下的"New File"子菜单命令，新建空白文档。

Step 02 输入下列程序代码。

```
if score >= 90:
   print(' 非常棒！ ')
elif score >= 80:
   print(' 成绩很好！ ')
elif score >= 70:
   print(' 成绩不错 ')
elif score >= 60:
   print(' 表现一般 ')
else:
   print(' 继续努力！ ')
```

在进行某项运算条件的判断时，它会逐一过滤条件！假设分数为 78 分，它会先判断"是否大于或等于 90"，当条件不成立时，会继续下一个判断"是否大于或等于 80"，直到符合条件为止。如果所有条件均不成立，这意味着分数低于 60 分，此时将会执行"else："之后的语句，输出"继续努力"，其运算流程如下图所示。

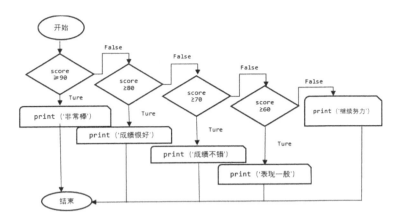

■ 范例 CH0306.py——使用 if/elif 语句判断月份天数

Step 01 在 Python Shell 模式下，单击"File"菜单下的"New File"子菜单命令，新建空白文档。

Step 02 输入下列程序代码。

```
01   month = int(input(' 请输入 1~12 月份 -> '))
02   # 第一层 if/else 语句判断输入数值是否在 1~12
03   if month >=1 and month <= 12:
04       # 第二层 if/elif 多重条件
05       if month == 4 or month == 6 or month == 9 \
06           or month == 11:
07           print(month, ' 月有 30 天！ ')
08       elif month == 2:
09           print(month, ' 月有 28 或 29 天！ ')
10       else:
11           print(month, ' 月有 31 天！ ')
12   else:
13       print(' 月份在 1~12 之间 ...')
```

Step 03 保存文档，按【F5】键运行。

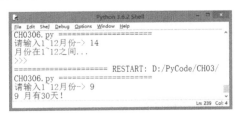

程序解说

◆ 第一层 if/else 语句判断输入的值是否在 1~12 之间；第二层则用 if/elif 语句进一步判断输入的数值，根据其数值输出某月的天数。

◆ 第 1 行：将输入的值以 int() 函数转换为整数后，赋值给变量 month 保存。

◆ 第 3~13 行：第一层 if/else 语句，条件表达式 "month >=1 and month <= 12"，其中，逻辑运算符 and 需要满足前后条件都为 True 才会输出 True。

◆ 第 5~11 行：第二层 if/elif/else 语句，依据输入的数值来显示月份天数。

◆ 第 5~6 行：条件表达式用 or 运算符连接，判断数值是否为 4、6、9、11 其中的一个。

◆ 第 8 行：if/elif 语句的第二个判断条件，判断数值是否等于 2。

3.3 whlie 循环

在上一节中，我们介绍了程序控制中的选择结构，接下来继续了解循环结构的使用方法。所谓的"循环"，是指它会依据运算条件反复运行。在循环过程中，只要条件符合就会继续运行，不断循环，直到运算条件不符合才会结束循环。这种循环结构一般包含下面 2 种形式。

● for/in 循环：有限循环，可结合 range() 函数，控制循环重复运行的次数。

● while 循环：指定条件表达式，不断地重复运行，直到条件不符合为止。

3.3.1 while 循环的特性

在条件表达式成立时，while 循环会不断运行，直到条件表达式不成立，才会跳出循环并执行 else 之后的语句。while 循环一般用于循环次数未知的情况，其语法如下。

```
while 条件表达式：
  # 符合条件 _suite 语句
else:
  # 不符合条件 _suite 语句
```

◆ 条件表达式可以包含比较运算符或逻辑运算符。

◆ else 语句是一个可选语句。当运算条件不成立时，其后的语句会被运行。

下面用一个例子来说明 while 循环的运行过程。

```
x, y = 1, 10                      输出
while x < y:                      1 2 3 4 5 6 7 8 9
  print(x, end = ' ')
  x += 1
```

◆ 设置两个变量 x、y 并赋予初始值；当 x 的值小于 y 时，就会不断循环运算，变量 x 的值会不断累加，直到 x 的值不再小于 y，停止循环。

◆ 当 x 的值为"9"时，它会再一次累加，重新进入循环进行条件判断，此时"10 < 10"的条件不成立，所以循环不会再往下运行。

上面这个例子很简单，根据事先设置的条件表达式进行运算，其运算结果（result）若小于设置的值（number），就会进入循环；直到运算结果大于或等于设置的值，则退出循环。

■ 范例 CH0307.py——使用 while 循环

Step 01 新建空白文档，输入下列程序代码。

```
01   number = 200; a, b = 2, 2 # 定义变量
02   result = a ** 2
03   # while 循环 变量 result 小于 number 时，输出运算结果
04   print(' 运算结果 -->')
05   while result < number:
06       result *= b
07       print(result)
```

Step 02 保存文档，按【F5】键运行。

程序解说

◆ while 循环的条件表达式，当"变量 result 小于 number 时"，变量 result 会被重新赋值为自身的 b 次方并输出；一直到 result 的值"256"大于 number 事先所设置的值"200"，才会停止循环。

◆ while 循环的流程图如下图所示。

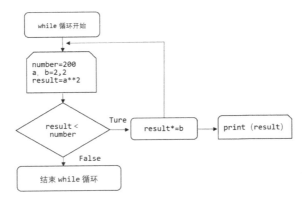

提示 通过改变 print() 函数的参数来改变输出方式。

• 在 print() 函数中，可以使用参数 "end = '\n'"（默认值），表示内容输出后换到新的一行继续显示；而使用参数 "end = ', '" 表示输出的内容放在同一行，数值之间使用逗号分隔。如上面的这个范例中，将其中的 print(result) 更改为 "print(result, end =', ')"，那么数值就会在同一行输出，如下图所示。

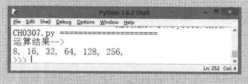

新手上路

使用 while 循环时，如果运算条件设置不当，可能会形成死循环，那么就只有中断程序才会停止。下述示例中的变量 a=4，因此 "a>=4" 的条件始终成立，所以 "Python" 字符串就会不断输出，形成死循环。此时，可以按组合键【Ctrl+C】来停止程序的运行。

中断循环的运行后，会显示以下信息。

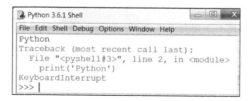

3.3.2 在 while 循环中加入计数器

使用 while 循环进行计数运算的方法很简单，就是加入计数器来形成有限循环，下面通过一个示例来说明。

```
# 设 k 为计数器，result 保存运算结果，初值皆为 0
k, result = 0, 0
while result < 11:
    k += 1
    result += k
    print(k, result)
```

输出
1 1
2 3
3 6
4 10
5 15

```
k, result = 0, 10
while result >= 1:
    k += 1
    result -= k
    print(k, result)
```

输出
1 9
2 7
3 4
4 0

新手上路

先来看下面这两个小例子。

```
# while 循环
k, result = 0, 10
while result >= 1:
    k += 1
    result -= k
    print(k, result)
```

```
# if 语句
result = 0, 10
if result >= 1:
    k +=1
    result-= k
    print(k, result)
```

if 语句和 while 语句的条件判断好像一样，但运行结果并不一样。if 语句由上到下将语句运行一次就结束了，但是 while 语句在满足条件时会重复运行。这是编写程序要注意的地方。

那么 while 循环为什么还要有 else 语句呢？当我们将 print() 函数放在循环之内，可以看到变量值的变化。如果把 print() 函数放在 else 语句里，则既可以检验运行结果，又能提醒使用者循环运行完毕。

■ 范例 CH0308.py——while 循环结合计数器进行区间累加

Step 01 新建空白文档，输入下列程序代码。

```
01  total = 0 # 保存加总结果
02  count, number = eval(input(' 请输入两个数值做区间累加 -> '))
03  print(' 数值 ', count, end = '')
04  while count <= number:
05      total += count # 将数值累加
06      count += 1
07  else:
08      # 输出累加结果
09      print(' ~', number, ' 累加结果： ', total)
10      print(' 计算结束 ...')
```

Step 02 保存文档，按【F5】键运行。

程序解说

◆ 第 2 行：内置函数 eval() 获得输入的两个数值，分别作为起始值和终止值。

◆ 第 4~6 行：在 while 循环中加入计数器，将数值进行累计。

◆ 第 7~11 行：else 语句，输出结果并提醒我们循环已运行完毕。

◆ while 循环究竟是如何运行的？下表给出了运算过程中条件表达式以及各个变量的值。可以看出在条件表达式为 True 的时候，每个变量的值都根据程序代码发生改变。当条件表达式为 False 的时候，退出循环。

循环次数	条件表达式 count < number	count count += 1	total total += count
1	True(number = 17)	3（4）	0（3）
2	True	4（5）	（3）7
3	True	5（6）	（7）12
4	True	6（7）	（12）18
5	True	7（8）	（18）25
6	True	8（9）	（25）33
...	...	...	...
15	False（退出循环）	17（18）	123（150）

■ 范例 CH0309.py——while 循环计算总分和平均分

Step 01 新建空白文档，输入下列程序代码。

```
01  # total 保存总分，score 保存分数，初值为 0.0
02  total = score = 0.0
03  count = 0 # 计数器
04  # 当 score 大于等于零时就继续读取下一个分数
05  while score >= 0.0 :
06      score = float(input(' 输入分数，按 –1 结束 –> '))
07      # 进一步确定变量 score 大于等于零，才做累加
08      if score >= 0.0 :
09          total = total + score
10          count = count + 1
11  average = total / count # 计算平均值
12  print(' 共 ', count, ' 科，总分 :', total,', 平均 :', average)
```

Step 02 保存文档，按【F5】键运行。

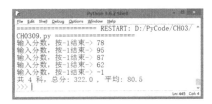

程序解说

  ◆ while 循环的判断条件是 "score>=0.0"，输入 "-1" 会结束循环。计数器用来保存输入分数的条数，用总分除以条数得到平均分。

  ◆ 第 5~7 行：while 循环先判断变量 score 是否大于等于零。

  ◆ 第 8~10 行：if 语句再一次确认变量 score 大于等于零，满足条件后才进行分数的累加并让 count 计数器加 1。

3.4 for/in 循环

for/in 循环是可计次循环，所以要有计数器记录循环运行的次数，其语法如下。

```
for item in sequence/iterable:
    #for_suite
else:
    #else_suite
```

  ◆ item：代表的是元组（Tuple）和列表（List）等可迭代对象中的元素，也能当做计数器来使用。

  ◆ sequence/iterable：除了有序序列，还可以是任何可迭代对象，可以结合内置函数 range() 来使用。

  ◆ else 和 else_suit 语句是可选的，它会在循环结束后执行，可以提示使用者 for/in 循环已正常运行完毕。

下面用一个小示例来了解 for/in 循环的运行。

◆ 字符串"Python"经过 for/in 循环的读取之后，一个接一个地输出，这是因为字符串本来就是由字符连接而成的。

· 3.4.1 内置函数 range()

实际上，for/in 循环可以使用 range() 函数作为计数器。在使用的时候，这个计数器需要设置起始值和终止值。根据程序的需求，计数器可以由小而大递增也可以由大而小递减；在没有特别指定的情况下，默认循环每运行一次只会累加 1。下面来认识一下 Python 提供的内置函数 range()，其语法如下。

```
range([start], stop[, step])
```

◆ start：起始值，预设为 0，这个参数值可以省略。
◆ stop：停止条件，必要参数不可省略。
◆ step：计数器的步长，默认值为 1。

以 for/in 循环结合 range() 函数，我们通过下列语句来了解它的基本用法。

for k in range(4):　# ① 　print(k, end = ' ')	输出 0 1 2 3
for k in range(1, 5):　# ② 　print(k, end = ' ')	1 2 3 4
for k in range(3, 13, 3):　# ③ 　print(k, end = ' ')	3 6 9 12
for k in range(20, 11, −2):　# ④ 　print(k, end = ' ')	20 18 16 14 12

◆ ① range（4）：只有参数 stop 的值"4"，此时没有参数 start 的值，因此默认从 0 开始，此外没有设置计数器的步长 step 参数，默认值为 1，因此计数器的数值从 0 开始，每次增加 1，一直到 3 为止（注意：range 函数的停止条件的值为 stop−1），所有程序输出 0~3，共 4 个数。

◆ ② range（1, 5）：表示参数 start 的值为"1"，stop 的值为"5"；此处没有设置计数器的步长 step 参数，默认值为 1，所有计数器的数值从 1 开始，每次增加 1，一直到 4 为止，输出 1~4，共有 4 个数值。

◆ ③ range（3, 13, 3）：表示参数 start 的值为"3"，stop 的值为"13"，step 的值为"3"；因此表示从 3 开始，每次增加 3，直到计数器的值超过 13，共有 4 个数值，分别是 3、6、9、12。

◆ 无论是①、②或③，range() 函数的输出结果都不包含 stop 的值，而包含 stop 的值减 1。

要了解 for/in 循环的运行，经典的案例就是将数值相加，这里使用 range() 函数，示例如下。

范例 CH0310.py——使用 range() 函数控制循环

Step 01 在 Python Shell 模式下,单击"File"菜单下的"New File"子菜单命令,新建空白文档。

Step 02 输入下列程序代码。

```
total = 0 # 保存加总结果
for count in range(1, 11): # 数值 1~10
  total += count # 将数值累加
  print(' 累加值 ', total) # 输出累加结果
else:
  print(' 数值累加完毕 ...')
```

range() 函数会将 1~10 的数值进行累加,由于 print() 函数放在 for/in 循环内,所以会看到累加值的变化。

for/in 循环的运行过程,如下图所示。

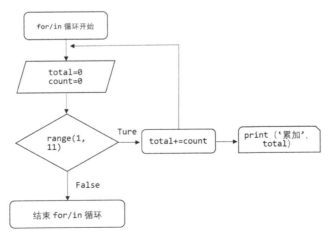

使用 for/in 循环,也可以直接把 print() 函数放在循环之外,直接输出最终累加值。通

过改变 range() 函数的参数，可以进行奇数或偶数的累加。

```
for count in range(1, 11): # 数值 1~10
    total += count # 将数值累加
print(' 累加值 ', total) # 直接输出累加结果
```

```
# 将数值 1~10 之间的奇数累加
for count in range(1, 11, 2): # 数值 1~10
    total += count # 将数值累加
```

```
# 将数值 1~10 之间的偶数累加
for count in range(2, 11, 2): # 数值 1~10
    total += count # 将数值累加
```

我们可以利用 Python Shell 交互模式，用 print() 函数观察 for/in 循环累加的变化，例如将 range() 函数的参数 start、step 都设为 "2"，并做偶数累加。

也可以将 range() 函数的第 3 个参数 step 设为 "−1"，以递减方式输出。

例如，学校要从一个学生的 7 次平时考试当中找出最高分作为最终成绩，该如何找呢？

■ 范例 CH0311.py——for/in 循环结合 if 语句找出 7 次平时考试成绩中的最高分

Step 01　　新建空白文档，输入下列程序代码。

```
01   highest = int(input(' 请输入平时考试成绩 -> '))
02   item = 1 # 第一次平时考试
03   # 读取输入成绩
04   for score in range(2, 8):
05       other_Score = int(input(' 请输入平时考试成绩 -> '))
06       # 比较两个值的大小来找出最高分
07       if other_Score > highest:
08           highScore, item = other_Score, score
09   print(' 最高分 -- 第 ', item, ' 次的平时考试成绩 ')
```

Step 02 保存文档，按【F5】键运行。

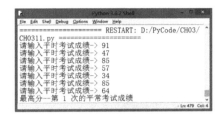

程序解说

- 第 4~8 行：for/in 循环结合 range() 函数来读取第 2~7 次输入的成绩。
- 第 7~8 行：if 语句找出最高分，如果输入的第二次的成绩（other_Score）大于最高分（highest）就修改成最高分，并记录它是第几次的平常考试，而 Python 允许两个数值直接交换。

· 3.4.2 嵌套循环

通常程序代码不会只包含一种程序控制结构，我们要根据程序的复杂度选择不同的程序控制结构。所谓嵌套循环就是循环中包含循环。例如嵌套 for/in 循环，就表示 for/in 循环中可以根据需求再加入 for/in 循环。下面先以一个简单的例子来说明双层 for/in 循环是如何运行的。

■ **范例 CH0312.py——嵌套 for/in 循环**

Step 01 在 Python Shell 模式下，单击"File"菜单下的"New File"子菜单命令，新建空白文档。

Step 02 输入下列程序代码。

```
for x in range(4):
  # 第二层 for/in 循环，依 x 值递减
  for y in range(4 − x):
    print('*', end = '')
  print() # 换新行
输出结果
****
***
**
*
```

我们通过范例 CH0312.py 来了解双层 for/in 循环是如何运行的。下表给出了内外循环

过程中不同计数器的变化值。

外层 for/in 循环 for x in range(4)	内层 for/in 循环 for y in range(x + 1)	输出
x = 0, 第 0 列	y = 1	*, 换行
x = 1, 第 1 列	y = 1, y = 2	**, 换行
x = 2, 第 2 列	y = 1, y = 2, y = 3	***, 换行
x = 3, 第 3 列	y = 1, y = 2, y = 3, y = 4	****, 换行

也就是第一层 for/in 循环提供列，所以会有 4 列。第二层 for/in 循环则提供行，根据 y 值的递增来输出 "*" 字符。

下面继续使用嵌套 for/in 循环来实现九九乘法表。

■ 范例 CH0313.py——乘法表

Step 01　新建空白文档，输入下列程序代码。

```
01   # 建立表头
02   print(' |', end = '')
03   for k in range(1, 10):
04       # 不自动换行，只留空格符
05       print('{0:3d}'.format(k), end = '')
06   print() # 换行
07   print('-' * 32)
08   # 第一层 for/in
09   for one in range(1, 10):
10       print(one, '|', end = '')
11       # 第二层 for/in
12       for two in range(1, 10):
13           print('{0:3d}'.format(one * two), end = '')
14       print() # 换行
```

Step 02　保存文档，按【F5】键运行。

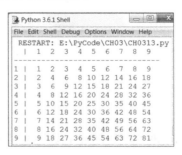

程序解说

◆ 第3~5行：用第一个 for/in 循环生成表头，输出数字1~9，并在 print() 函数中使用 format() 函数，设置列宽为3。format() 函数的使用方法可参考4.5.2小节。

◆ 第9~14行：外层 for/in 循环会生成列数1~9。

◆ 第12~13行：内层 for/in 循环会生成行数1~9，计算并输出相乘结果。

◆ 当外层 for/in 循环的计数器 one 为"1"时，表示输出第一列。内层 for/in 循环结合 print() 函数的 end 参数，在未换行情况下，计数器 two 将由1递增至9来输出相乘结果。计数器 two 递增至9之后才会换行。

◆ 外层 for/in 循环的计数器递增为2时，内层 for/in 循环的计数器 two 依然由1开始递增至9，直到外层 for/in 循环计数器递增到9才会结束循环。

3.5 continue 和 break 语句

在某些情况下使用循环时，需要用 break 语句来提前终止循环；也可以使用 continue 语句跳出当次循环，回到上一层循环继续运行。

3.5.1 break 语句

break 语句用来终止循环的运行，当程序执行到 break 语句时，即使符合循环条件或者序列尚未完全被遍历，也会无条件终止整个循环。以下述示例进行说明。

■ 范例 CH0314.py——使用 break 语句终止循环

Step 01 在 Python Shell 模式下，单击"File"菜单下的"New File"子菜单命令，新建空白文档。

Step 02 输入下列程序代码。

```
print(' 数值: ', end ='')
for x in range(1, 11):
    result = x**2
    # 如果 result 的值大于 20 就中断循环的运行
    if result > 20:
        break
    print(result, end = ', ')
输出
数值: 1, 4, 9, 16,
```

◆ 当变量 result 的值大于 20 时，就用 break 语句终止循环的运行。

· 3.5.2 continue 语句

■ 范例 CH0315.py——使用 while 循环

Step 01　新建空白文档，输入下列程序代码。

```
01   sum = 0 # 保存累加值
02   for count in range(2, 20, 2):
03     if count == 10:
04       continue # 只中断此次循环
05   print('%-3d' %count, end = ")
```

Step 02　保存文档，按【F5】键运行。

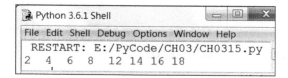

```
Python 3.6.1 Shell                           □  X
File Edit Shell Debug Options Window Help
RESTART: E:/PyCode/CH03/CH0315.py
2   4   6   8   12  14  16  18
```

程序解说

◆ 当变量 count 的值等于 10 时，会停止这次的运行，回到上一层的 for/in 循环继续运行。

◆ 由运行结果可知，在一大串输出数值中，程序跳过了 10。

章节回顾

●　一个结构化的程序包含 3 种程序控制结构：①由上到下的顺序结构（Sequential）；②选择结构（可分为单一条件选择和多重条件选择）；③循环结构。

●　单一条件只有一个选择，使用 if 语句；它类似于我们汉语中的"如果……就……"。

●　Python 用 suite 来形成程序子块（Block）。它由一组语句组成，由关键词（if）和冒号（:）作为 suite 的开头，搭配的子句语句必须进行缩进。

●　当单一条件有双向选择时，就如同汉语中的"如果……就……，否则……"，使用 if/else 语句来处理，它也能简化为三元运算符"X if C else Y"。

●　多重条件选择时，采用 if/elif 语句将条件逐一判断，选择最适合的条件（True）来运行某个区段的语句。

●　"循环"（Loop）会根据条件反复运行，每次进入循环，都会检验运算条件，符合条件就会往下运行，直到条件不符合才会终止循环，它包含 for/in 循环和 while 循环。

- for/in 循环为计次循环，所以计数器要有起始值、终止值和步长。没有特别指定步长的情况下，循环每运行一次就自动累加 1。Python 一般使用 range() 函数给出计数器值的范围。

- 循环运行次数未知，或在数据无序的情况下，使用 while 循环较适合。它会根据条件不断地循环运行，直到条件不符合为止。

- 使用循环时，在某些情况下，需要用 break 语句来中止循环。continue 语句会中断当次循环，回到上一层循环继续运行。

自我评价

一、填空题

1. 下列语句将 if/else 语句，用_____来简化表示，print() 输出_____。

```
a, b = 75, 84
print(a if a < b else b)
```

2. 说明下列程序代码发生了什么问题？如果要输出 "8 5 1 -4"，要如何修改？_____

_____。

```
k, result = 1, 10
while result <= 1:
    k += 1
    result -= k
    print(result)
```

3. for/in 是_____，它会使用_____函数来搭配。

4. 使用循环时，某些情况需要用_____语句终止循环；中断当次循环，回到上一层循环继续运行则需要用_____语句。

二、实践题

1. 饮品店饮料特价出售，绿茶一杯 45 元，购买饮料满 5 杯打 9 折，用 if 语句要如何表达？如何绘制流程图？

2. 依然是特价饮料的问题。购买饮料不到 5 杯者，每杯 45 元，用 if/else 语句要如何表达？如何绘制流程图？

3. 依然是特价饮料的问题。购买饮料满 15 杯打 7.5 折，满 10 杯打 8.5 折，满 5 杯打 9 折，不足 5 杯者不打折。用 if/elif 语句要如何表达？如何绘制流程图？

4. 输入 3 个数值，利用 if 语句找出最大值。

5. 请尝试将范例 CH0306.py 改用嵌套 if 语句来完成。

6. 请使用 while 循环实现下面的程序功能。

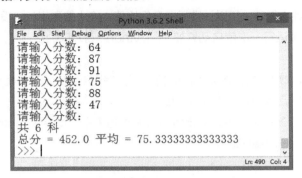

7. 使用 for/in 循环结合 range() 函数，设置参数 stop="34"、参数 start="21"，如何输出下列数值？

输出 441 484 529 576 625 676 729 784 841 900 961 1024 1089

8. 用双层 for/in 循环来输出下列数值。提示：在 print() 函数中使用 format() 函数，可参考以下示例（也可参阅范例 CH0313.py）。

```
format(count, '5d') #5d 表示列宽为 5 来输出整数值
format(outer ** inner, '5d')
```

次方	1	2	3	4	5
1	1	1	1	1	1
2	2	4	8	16	32
3	3	9	27	81	243
4	4	16	64	256	1024
5	5	25	125	625	3125

第 **4** 章

字符串

章节导引	学习目标
4.1 由字符说起	了解字符的转换函数，知道转义字符的含义
4.2 字符串的特色	掌握字符串具有不变性的特点，学会用 for/in 循环读取字符串
4.3 切片的概念	学会使用 [] 运算符截取部分字符或反转字符串
4.4 处理字符串常用函数	学会使用函数实现大小写转换、字符串搜索等功能
4.5 格式化字符串	学会使用 % 运算符、format() 函数、str.format() 方法等格式化字符串

4.1 由字符说起

在 Python 中如何表达字符？使用单引号或双引号作为定界符均可，引号内只能有单一字符。

```
item = 'P'    # 用单引号建立字符
ch = "y"      # 用双引号建立字符
```

· 4.1.1 认识字符函数

先来认识与字符有关的两个内置函数。函数 ord() 可查询某个字符的 ASCII 值，而函数 chr() 则可以将 ASCII 的值转换成字符，它们的语法分别如下。

chr(i)
ord(c)

  ◆ chr() 函数：将 ASCII 的值转换为单一字符，参数 i 为整数值。
  ◆ ord() 函数：取得 ASCII 的值，参数 c 为单一字符。

也就是说用 ord() 函数将输入的参数（单一字符）转化为 ASCII 的值，如果将这个 ASCII 的值作为 chr() 函数的输入参数，则可以转换成原先的字符。

通过下述示例来了解这两个函数的使用方法。

ord('W'); ord('w')	输出 87、119
chr(120)	输出 'x'

  ◆ 由于大写字母 W 和小写字母 w 并不相同，因此输出的 ASCII 值也就不同。

ord() 函数只能把单一字符转换为 ASCII 的值。使用时，字符前后要用单引号或双引号标注，否则会显示 "NameError" 或 "TypeError" 的错误信息。

```
>>> ord(Y)
Traceback (most recent call last):
  File "<pyshell#5>", line 1, in <module>
    ord(Y)
NameError: name 'Y' is not defined
>>> ord('PH')
Traceback (most recent call last):
  File "<pyshell#6>", line 1, in <module>
    ord('PH')
TypeError: ord() expected a character, bu
t string of length 2 found
```

· 4.1.2 转义字符

输出的字符串含有特殊字符（如 Tab 键或换行符号）时，可利用转义字符 (Escape)

来表示，以便保留字符串中这些特有的符号。转义字符以"\"（反斜杠）开头，下表列出了常用的转义字符。

字符	说明	字符	说明
\\	反斜杠	\n	换行
\'	单引号	\a	铃响
\"	双引号	\b	退后一格
\t	Tab 键	\r	游标返回

什么情况下会使用转义字符？

- 输出文档路径，为了避免系统错误，就要使用半角"\\"来替换原路径中的"\"。

原来的文档路径	加入 "\\" 字符的文档路径
D:\PyCode\CH01\CH0101.py	D:\\PyCode\\CH01\\CH0101.py

- 让输出文字有换行效果。

	输出
print('*\n**\n***') #\n 换行	* ** ***

■ 范例 CH0401.py——认识转义字符

Step 01 新建空白文档，输入下列程序代码。

```
01   word1 = 'I\'m Student' # 使用单引号
02   print(word1)
03   word2 = 'Today \"is nice day!\"' # 使用双引号
04   print(word2)
05   word3 = 'The\tLiving Beauty' # 使用 TAB 键
06   print(word3)
07   word4 = 'Ah!\n the sea!' # 使用换行符号
08   print(word4)
```

Step 02 保存文档，按【F5】键运行。

```
 RESTART: D:/PyCode/CH04/CH0401.py
I'm Student
Today "is nice day!"
The      Living Beauty
Ah!
 the sea!
```

程序解说

◆ 第 1、3 行：在转义字符"\"之后，加入单引号和双引号。

◆ 第 5 行和第 7 行：转义字符 "\t" 等同于按【Tab】键，而 "\n" 则可以让后面的文字换行输出。

 字符串的特色

关于字符串，前面的章节已经提到过，只是没有正式介绍它。Python 程序语言把字符串视为容器，将一连串字符用单引号或双引号括起来表示。那么，字符串有什么特点呢？

● 内置函数 str() 是 String 的实操类型，可以利用它将其他类型的对象转换为字符串类型的对象。

● 可以使用运算符把多个字符连接到一起。

● 字符串具有不变性，一经赋值，则无法改变内容。

● 可以使用 for/in 循环读取字符。

4.2.1 建立字符串

如何建立字符串？字符串的名称依旧遵守标识符的命名规则，同样使用 "=" 运算符进行赋值，示例如下。

```
word1 = ''    # 单引号内无任何字符，表明它是一个空字符串
word2 = "M"   # 双引号只有单一字符
wrod3 = 'Python' # 将字符串 Python 赋值给变量 word3 存放
```

也可以使用内置函数 str() 将其他类型的对象转换为字符串对象，语法如下。

```
str(object)
```

◆ object 代表要转换的对象。

用下述示例来说明。

```
str()  # 输出空字符串 ''
str(456)  # 将数字转为字符串 '456'
```

字符串来自序列类型 (Sequence)，我们通过下表来认识与它们有关的内置函数。

内置函数	说明（S 为序列对象）
len(S)	取得序列 S 长度
min(S)	取得序列 S 元素的最小值
max(S)	取得序列 S 元素的最大值

以下示例用来说明这些内置函数的用法。比较特别的是，max() 函数和 min() 函数是依据 ASCII 值来找出字符串的最大值和最小值的。

word = 'Python'　# 定义字符串 print(len(word)) # ①字符串长度 print(max(word)) # ② ASCII 值 "121" print(min(word)) # ③ ASCII 值 "80"	输出 ① 6 ② Y ③ P

用函数 len() 取得某个字符串的长度时，字符串中若有空格符或其他符号，也会包含在内。

message = 'Hello! Python。' len(message)	输出 "14"
len('World')	输出 "5"

◆　字符串 message 中包含半角的空格符、"！"和全角的句号"。"。由于 Python 本身支持 Unicode-8，因此在计算字符串长度时也会将这些字符全部计算在内，输出字符串的长度为"14"。

◆　字符串本身也属于对象，因此可以直接调用 len() 函数来获得字符串的长度。

· 4.2.2 字符串与运算符

对于 Python 来说，字符串可以拆分，具有前后顺序的关系，可以搭配其他运算符来得到不同的运算结果。

● 用"+"运算符连接多个字符串。

wd1 = 'Key'; wd2 = 'Word'　# 定义变量 print(wd1 + wd2)　　　 # ① print(wd1 + ' ' + wd2)　 # ②	输出 ① KeyWord ② Key Word
rom = 'Room' num = 2005 print(rom + str(num)) # 用函数 str() 转为字符串	输出 Room2005

◆　①用半角"+"符号连接两个字符串变量 wd1 和 wd2。

◆　②变量 wd1 和 wd2 之间用两个半角"+"符号配合空格符连接，所以输出"Key Word"。

新手上路

使用"+"运算符，操作数的前后一定要用相同的类型。根据前文所述，连接变量 rom(字符串) 和 num(数字) 时会出现错误，这是因为 num 是数字类型的变量，因此需要使用 str() 函数将它转换为字符串类型。

```
>>> print(rom + num)
Traceback (most recent call last):
  File "<pyshell#21>", line 1, in <module>
    print(rom + num)
TypeError: must be str, not int
```

- "*"字符能把单一字符或字符串相乘，示例如下。

```
>>> wd3='-'  #定义一个字符
>>> print(wd3*10)
----------
>>> wd4='Hello...'  #定义字符变量
>>> print (wd4*3)
Hello...Hello...Hello...
```

- 通过字符所在位置的索引取得指定字符。

```
>>> day = 'Sunday'
>>> print(day[0] + day[1])
Su
>>> print(day[3], day[4], day[5])
d a y
```

- 用"+"运算符可以将字符连接起来，输出"Su"。
- ","符号则会在指定的字符之间填上空格符，输出"d a y"。

上述示例说明字符串可以通过索引值进行访问，索引值编号由"0"开始（注意，不是从1开始），表示如下。

字符串	S	u	n	d	a	y
索引	0	1	2	3	4	5

字符串的奇妙之处在于我们可以任意发挥，用自己的方式输出较长的字符串。利用三重单引号或双引号可以一次性输出多行字符串，示例如下。

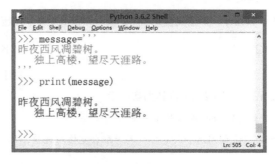

用三重单引号所表示的字符串变量，有个特别的名称，称为"文档字符串"（doc string）。其特别之处在于，它能根据使用者的格式来输出，所以字符串变量 message 输出时前后都会出现空白行。此外，我们也能利用"\"字符将特别长的字符串拆成两行，不过它依然在同一行输出。

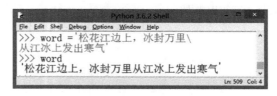

· 4.2.3 字符串具有不变性

字符串具有不变 (immutable) 的特性，将变量 word1、word2 用同一个字符串赋值，表示它们都指向同一个保存该字符串的存储位置，所以 id() 函数会输出相同的内存地址（表示两者指向同一个存储位置）。

```
>>> word1 = 'Hello'; word2 = 'Hello'
>>> print(id(word1), id(word2))
50883712 50883712
```

将字符串不可变的概念延伸，变量 word 先赋值"First"字符串，再赋值"Second"字符串，那么原来的字符串"First"并无任何变量再指向其内存地址，该地址就会被标识为待回收对象，可以通过内存的回收机制把它清除。"First"和"Second"的内存地址是不同的，可以使用内置函数 id() 来佐证。

```
>>> word = 'First'; id(word)
50883744
>>> word = 'Second'; id(word)
50883936
```

· 4.2.4 for/in 循环读取字符串

字符串属于序列类型，在第 3 章介绍 for/in 循环时，我们已经发现它可以将字符串一个字符接一个字符地来读取，顺便复习一下吧！

word = 'Second' for item in word: print(item, end = ' ')	输出 S e c o n d

那么就意味着字符串 word 的每一个字符都有索引编号，示例如下。

字符串	S	e	c	o	n	d
索引	0	1	2	3	4	5

字符串的索引编号，可以调用内置函数 enumerate() 来获取，其语法如下。

enumerate(iterable, start = 0)

* iterable：该参数一般为可迭代的对象（如字符串、列表等）。
* start：设置索引编号的起始值，默认值为 0。

■ 范例 CH0402.py——for/in 循环包含 enumerate() 函数索引

Step 01 新建空白文档，输入下列程序代码。

```
01    name = 'Michelle'
02    print('%5s'% 'index', '%5s'% 'char')
03    print('-'*12)
04    for item in enumerate(name):
05        print(' ', item)
```

Step 02 保存文档，按【F5】键运行。

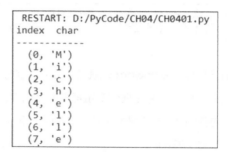

```
RESTART: D:/PyCode/CH04/CH0401.py
index   char
------------
  (0, 'M')
  (1, 'i')
  (2, 'c')
  (3, 'h')
  (4, 'e')
  (5, 'l')
  (6, 'l')
  (7, 'e')
```

程序解说

◆ 第 2 行：设置 index、char 输出格式。

◆ 第 4~5 行：for/in 循环加上 enumerate() 函数，函数参数为 name，就能输出每个字符的索引值。

4.3 切片的概念

字符串的字符具有顺序性，利用 [] 运算符截取字符串的某个单一字符或者某个范围的字符串，称为"切片"（Slicing），下表简要介绍其语法。

运算	说明（s 表示序列）
s[n]	依指定索引值取得序列的某个元素
s[n : m]	由索引值 n 至 m-1 来取得若干元素
s[n:]	依索引值 n 开始至最后一个元素
s[:m]	由索引值 0 开始，到索引值 m-1 结束
s[:]	表示会复制一份序列元素
s[::-1]	将整个序列元素反转

4.3.1 切片的运算

首先定义一个字符串变量。

> word = 'correspond with'

字符串变量 word 的字符位置，使用正、负索引编号，表示如下。

string	c	o	r	r	e	s	p	o	n	d		w	i	t	h
index	0	1	2	3	4	5	6	7	8	9	10	11	12	13	14
-index	-15	-14	-13	-12	-11	-10	-9	-8	-7	-6	-5	-4	-3	-2	-1

◆ index 值由第一个字符（左边）开始，是从 0 开始；如果是从最后一个字符（即右边第一个字符）开始，则是从 -1 开始。

◆ 计算部分切片时，索引从左边开始，包含 start 值，称"下边界"（lower bound）；至右边结束，但不包含 end 值，称"上边界"（upper bound），所以索引值是"end-1"。

下述示例用来介绍用部分切片的方法取得某个范围的子字符串的方法。

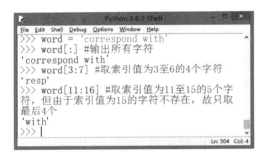

◆ word[3：7] 不含索引编号 7，可取得 4 个字符。

为了取得序列的最后一个元素，可采用更简洁的进行法。

word = 'What fun we had'
word[5:] # 就是 word[5:15]，输出"fun we had"

String	W	h	a	t		f	u	n		w	e		h	a	d
index	0	1	2	3	4	5	6	7	8	9	10	11	12	13	14

◆ 当 end 省略时，则表示包含最后一个元素，所以输出"fun we had"。

word[:5] # 就是 word[0:4]，输出"What"

String	W	h	a	t		f	u	n		w	e		h	a	d
index	0	1	2	3	4	5	6	7	8	9	10	11	12	13	14

◆ 当 start 省略时，则是从索引值 0 开始取 5 个字符。

word[5:8] # 就是索引编号 5~8，取出 3 个字符"fun"

String	W	h	a	t		f	u	n		w	e		h	a	d
index	0	1	2	3	4	5	6	7	8	9	10	11	12	13	14

◆ Python 截取子字符串时所给予的索引范围是 [5:8]，相当于"8-5 = 3"，只有 3 个字符，其索引编号 [8] 的字符不会包含在内。

切片运算可加入 step 产生间隔来提取字符，此处要注意 step 的值不能为"0"，否则会出现错误"ValueError"！

```
>>> word[2:14:3]
'af  '
>>> word[3:15:0]
Traceback (most recent call last):
  File "<pyshell#6>", line 1, in <module>
    word[3:15:0]
ValueError: slice step cannot be zero
```

如果 step 为 3，这表示每隔 2 个字符进行提取，所以此时索引位置编号依次为 2、5、8、11；同样地，索引编号 14 不会被提取，这是因为最大值为 14，是索引的最大边界，按照前面介绍的知识，最大只会显示索引位置为 14-1=13 的这个元素，不过这个索引位置并没有在给出的索引范围内。

word[2：14：3] # 取出 2 个字符和 2 个空格符"af "														
String	W	h	a	t		f	u	n		w	e		h	a	d
index	0	1	2	3	4	5	6	7	8	9	10	11	12	13	14

前面的做法都是用正值索引进行字符切片，如果使用负值索引会有什么不一样？来看下面这个示例。

```
>>> word[-6:]
'we had'
>>> word[::-1] #字符反转
'dah ew nuf tahW'
>>> word[::-2] #间隔两个字符做提取
'dhe u aW'
```

◆ 第 1 行代码 word[-6:] 省略了"end"参数，所以取出索引位置 -6 以后的字符，得到 6 个字符"we had"。

◆ 使用"word[：：-1]"表示 start 和 end 的索引值皆被省略，而 step 用 -1 为间隔，此时每个字符都会被提取，从末尾朝头部进行计算，所以会将字符反转。

◆ word[：：-2] 也是由尾至头进行字符串翻转，以间隔 -2（实际间隔为 -2+1=-1）开始每隔 1 个字符进行提取，提取到的字符"Wa u ehd"经过反转变成"dhe u aW"，详情如下。

word[::-2] # 输出"dhe u aW"														
String	W	h	a	t		f	u	n		w	e		h	a	d
-index	-15	-14	-13	-12	-11	-10	-9	-8	-7	-6	-5	-4	-3	-2	-1

这种利用负值索引提取字符的方法称为"Stride slices"，常应用于序列类型，用于字符串就是把字符串反转，也可以用来提取字符。

word[-2:1-3]														
String	W	h	a	t		f	u	n		w	e		h	a	d
-index	-15	-14	-13	-12	-11	-10	-9	-8	-7	-6	-5	-4	-3	-2	-1

索引编号由 –2 开始回到 1(–14 的位置),以间隔 3 来取字符,提取 4 个字符 "aen ",其中也含一个空格符。

> **提示**
>
> 运行切片运算,第 3 个参数 "step" 的正、负值,表示不同方向。
> - word[2 : 13 : 3]:step 为正值,从左到右截取字符。
> - word[: : –2]:step 为负值,从右到左截取字符。

4.3.2 内置函数 slice()

使用切片运算时,内置函数 slice() 也能提供类似的字符串分割功能,语法如下所示。

slice(stop)
slice(start, stop[, step])

◆ 参数 start、stop 和 step 皆是索引。

slice() 函数无法单独使用,必须配合 [ ] 运算符,截取已形成的字符串,示例如下。

```
>>> subject = 'Programming'
>>> subject[slice(2, 12, 2)]
'ormig'
```

◆ 定义字符串 subject 之后,slice() 函数配合 [ ] 运算符才能将字符串切割。

■ 范例 CH0403.py——使用 slice() 函数

> Step 01 　新建空白文档,输入下列程序代码。

```
01   message = 'Futile the winds To a heart in port'
02   print(' 用切片反转字符: ')
03   print(message[::–1])
04   print('slice() 函数 –')
05   print(message[slice(–1, –37, –1)])
06   # 取得部分字符
07   print(' 切片运算: ',message[–7:])
08   print('slice() 函数 –',message[slice(28, 35)])
09   print(' 切片运算: ', message[17:26])
10   print('slice() 函数 –', message[slice(17, 26)])
```

> Step 02 　保存文档,按【F5】键运行。

```
                    Python 3.6.2 Shell              - □ ×
File  Edit  Shell  Debug  Options  Window  Help
PyCode\CH04\CH0403.py ==========
以切片反转字符：
trop ni traeh a oT sdniw eht elituF
slice()函数-
trop ni traeh a oT sdniw eht elituF
切片运算： in port
slice()函数- in port
切片运算： To a hear
slice()函数- To a hear
>>>
                                              Ln: 33 Col: 4
```

程序解说

◆ 定义好的字符串，直接进行切片运算或者使用 slice() 函数，皆可得到相同的结果。

◆ 第 3 行和第 5 行：将字符串的字符反转，在 slice() 函数的参数中，将 start 设为 "−1"，stop 则是边界值 "−37"，而 step 设成 "−1" 表示由右而左将字符反转。

4.4 处理字符串常用函数

本节介绍一些常用的字符串方法（函数）。由于跟字符串有关的方法很多，有些方法来自于对象（object）；有些则继承自类自身拥有的属性和方法。当定义了字符串变量之后，该字符串继承了 str() 类，而 str() 类的方法都可以由定义的字符串对象使用，通过 "object. method()" 的 "." 运算符来获得方法。如下图所示，当定义了一个字符串之后，它继承了 str() 类，此时就可以使用 "." 运算符查看其所拥有的方法名称，而使用键盘的上下箭头就可以在其中进行选择。

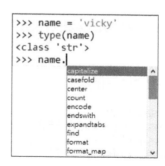

· 4.4.1 变更字符串的大小写

下表展示了一些跟字母大小写有关的方法。要使用这些方法，必须先建立字符串。

方法	说明
capitalize()	只有第一个单词的首字符大写，其余字符皆小写
lower()	全部小写
upper()	全部大写
title()	采用标题式大小写，每个单词的首字符大写，其余皆小写
islower()	判断字符串是否所有字符皆为小写
isupper()	判断字符串是否所有字符皆为大写
istitle()	判断字符串首字符是否为大写，其余皆小写

▉ 范例 CH0404.py——对字符串进行大小写转换

> Step 01　新建空白文档，输入下列程序代码。

```
01   word = 'the living beauty'
02   print(' 原来字符串: ', word)
03   print(' 字符串开头第一个单词的首字符大写 ', word.capitalize())
04   print(' 字符串中每个单词首字符大写 ', word.title())# 单词开头首字符会大写
05   print(' 皆为大写字符 ', word.upper())
06   print(' 是否皆为小写字符 ', word.islower())
07   name = 'COPLAND'
08   print(' 全部转为小写字符 ', name.lower()) # 转为小写
09   print(' 是否皆为大写字符 ', name.isupper())
```

> Step 02　保存文档，按【F5】键运行。

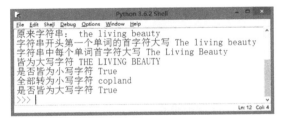

(程序解说)

◆ 利用上表中的方法，对字符串进行不同模式的大小写转换。

· 4.4.2 字符串的搜索和替换

如果要寻找字符串中的某个字符或部分字符串，下表展示了有关方法。

字符串常用方法	说明
find(sub[, start[, end]])	用来寻找字符串的特定字符
index(sub[, start[, end]])	输出指定字符的索引值

续表

字符串常用方法	说明
count(sub[, start[, end]])	通过切片用法找出子字符串出现的次数
replace(old, new[, count])	以 new 子字符串替换 old 子字符串

index() 方法用来输出指定字符的索引值，由索引编号来设置开始和结束的范围，语法如下。

```
str.index(sub[, start[, end]])
```

◆ sub：要寻找的字符或字符串，若未找到则会输出错误值 "ValueError"，必要参数不可省略。

◆ start：要寻找的开始索引位置，可选参数可省略。

◆ end：要寻找的结束索引位置，可选参数可省略。

使用 index() 函数来寻找子字符串的位置时，若未标明起始位置，会从索引 "0" 开始，找到子字符串的第一个字符的索引值输出后，它就不会再继续寻找，来看下面这个范例。

■ 范例 CH0405.py——使用 index() 方法输出字符的索引值

Step 01 在 Python Shell 模式下，单击 "File" 菜单下的 "New File" 子菜单命令，新建空白文档。

Step 02 输入下列程序代码。

```
poem = '''Wild nights! Wild nights!
Were I with thee,
Wild nights should be
Our luxury! '''
print(poem)
print('nights 的位置: ',
   poem.index('nights', 10))
输出
nights 的位置: 18
```

◆ 由于方法 index() 指明起始位置 (start) 由索引编号 10 开始，输出子字符串 'nights' 的第一次出现的索引值 "18"。

若指定的子字符串并不存在，就会发出错误提示，如下所示，这是使用此方法要注意的地方。

```
Traceback (most recent call last):
  File "D:\PyCode\CH04\CH0405.py", line 8, in <module>
    poem.index('Nights', 10))
ValueError: substring not found
```

若要从字符串末尾往头部方向做寻找动作，可调用 rindex() 方法来帮忙。

'morning'.rindex('n')	输出 "5"

◆ rindex() 方法会从最后一个字符开始搜索，所以第一个 n 字符是索引值 5。

再来认识 find() 方法。它也可以用来寻找指定字符，输出第一个出现的索引编号，同样也能以索引设置开始和结束的寻找范围。它和 index() 方法的不同之处在于，倘若找不到子字符串，则会以值 "-1" 输出，语法如下。

```
str.find(sub[, start[, end]])
```

◆ sub：要寻找的字符或字符串，如果没有找到，输出 -1 值，必要参数不可省略。
◆ start：要寻找的开始索引位置，可选参数可省略。
◆ end：要寻找的结束索引位置，可选参数可省略。

上面的范例可以修改如下。

■ 范例 CH0406.py——使用 find() 方法寻找指定字符

Step 01 在 Python Shell 模式下，单击"File"菜单下的"New File"子菜单命令，新建空白文档。

Step 02 输入下列程序代码。

```
poem = '''Wild nights! Wild nights!
Were I with thee,
Wild nights should be
Our luxury! '''
print('should 的位置: ', poem.find('should'))
输出
should 的位置: 58
```

◆ 方法 find() 未指明起始位置 (start)，它会从索引编号 0 开始，输出子字符串的第一个字符的索引值 "58"。

● 新手上路

在使用 find() 函数时，若找不到子字符串，则会以值 "-1" 输出。但该函数不能单独使用，必须与字符串对象一起使用，否则会生成错误，如下所示。

```
>>> message = 'See you tomorrow!'
>>> message.find('yov')
-1
>>> find('yov')
Traceback (most recent call last):
  File "<pyshell#4>", line 1, in <module>
    find('yov')
NameError: name 'find' is not defined
```

与 find() 方法很相近的一个方法是 rfind() 方法，它的参数和 find() 方法相同，只不过它是从字尾开始做搜索，输出第一个找到的子字符串的位置。

message = 'See you tomorrow!' message.rfind('o')	输出 14

◆ 使用 rfind() 方法，从最后一个字符开始搜索，所以第一个 o 字符是索引值 14。

count() 方法用来计算字符串中某个字符出现的次数，可利用索引编号来设置开始和结束的范围，语法如下。

str.count(sub[, start[, end]])

◆ sub：必要参数，用来计算字符数，不可省略。

◆ start：可选参数，要开始计算的索引位置，可省略。

◆ end：可选参数，要结束计算的索引位置，可省略。

下述示例为利用 count() 方法统计字符"o"出现的次数。

say = 'Good morning'
print(say.count('o')) # ①寻找字符 o
print(say.count('D')) # ②寻找字符 D
say.count('o', 0, 6)
	输出
	① 3
	② 0
	③ 2

◆ ②无法统计某个字符出现的次数时，输出 0。

◆ ③设置范围时，指定索引编号 0~6，但是它不包含索引值 6。

除了可以使用 count() 方法来获取字符串中某个字符出现的次数外，也可以利用 for/in 循环来读取，统计其出现的次数。下述范例为统计字符串中字符"e"出现的次数。

■ 范例 CH0407.py——使用 for/in 循环统计次数

Step 01 在 Python Shell 模式下，单击"File"菜单下的"New File"子菜单命令，新建空白文档。

Step 02 输入下列程序代码。

```
poem =
'I bade, because the wick and oil are spent.'
count = 0 # 统计字符数
for item in poem:
    if item == 'e':
        count += 1
print(' 字符 e，有：', count, ' 个 ')
输出
字符 e，有：6个
```

◆ 设 count 为计数器，再以 if 语句判断字符'e'出现的次数。如果读到字符 e，就让计数器的值自动加 1。

要把字符串中某些字符或子字符串替换成其他字符或子字符串，可以使用 replace() 方法，其语法如下。

```
str.replace(old, new[, count])
```

* old：被替换的字符或字符串。

* new：要替换成的字符或字符串。

* count：若字符串中含有多个要被替换的字符或子字符串，可指定替换次数；若省略，则表示全部会被替换。

■ 范例 CH0408.py——replace() 方法替换旧字符串

Step 01 新建空白文档，输入下列程序代码。

```
01   work = ' 周一、周二工作日，周三、周四工作整天 '
02   print(' 原来字符串： ')
03   print(work)
04   print(' 变更后： ')
05   print(work.replace(' 周 ', ' 星期 '))
```

Step 02 保存文档，按【F5】键运行。

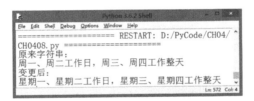

程序解说

* 第 5 行：在 replace() 方法中用新字符串"星期"替换旧字符"周"。

· 4.4.3 字符串的分割和结合

某些情况下，如果想要分割字符串，可以借助分割器，使用 split() 方法，其语法如下。

```
str.split(sep = None, maxsplit = −1)
```

* sep：分割器，默认以空格符为分隔符，分割时会移除空格符。

* maxsplit：分割次数，默认值为 −1。

使用 split() 方法分割字符串时，会将分割后的字符串以列表（list）数据的类型输出，下面通过示例来介绍。

■ 范例 CH0409.py——split() 方法分割字符串

Step 01 新建空白文档，输入下列程序代码。

```
01  fruit = 'Apple Blueberry Lemon Orange'
02  print(' 原来字符串 :', fruit)
03  # 以默认值空格符来分割字符串，以 list 对象输出
04  print(' 以 " 空格符 " 分割 ')
05  print(fruit.split())
06  # 将字符串分割成 2 + 1
07  print(' 分割 3 个字符串： ')
08  print(fruit.split(maxsplit = 2))
09  opr = '--';opr *= 22
10  print(opr)
11  fruit2 = 'Apple,Blueberry,Lemon,Orange'
12  print(' 第二种字符串： ')
13  print(fruit2)
14  print(' 逗号分割字符串 ')
15  print(fruit2.split(sep =',', maxsplit = 2))
```

Step 02 保存文档，按【F5】键运行。

```
PyCode\CH04\CH0409.py ==========
原来字符串: Apple Blueberry Lemon Orange
以 "空白字符" 分割
['Apple', 'Blueberry', 'Lemon', 'Orange']
分割 3 个字符串:
['Apple', 'Blueberry', 'Lemon Orange']
--------------------------------------
第二种字符串:
Apple,Blueberry,Lemon,Orange
逗号分割字符串
['Apple', 'Blueberry', 'Lemon,Orange']
>>>
```

程序解说

◆ 第 5 行：split() 方法没有参数，它会默认以空格符来分割字符串。

◆ 第 8 行：将 split() 方法的参数 maxsplit 设成 2，表示它会分割两次，因此剩下的所有字符 'Lemon Orange' 组成一个字符串。

◆ 第 11 行：字符串 fruit2 的子字符串之间以逗号隔开，但前后不能有空白，避免分割后生成奇怪的结果。

◆ 第 15 行：split() 方法指定分隔符为 ","（逗号），做两次分割。

话说字符串"合久必分，分久必合"。方法 split() 可以把字符串分割，join() 方法恰好相反，它可以把多个字符串连接起来，其语法如下。

```
join(iterable)
```

* iterable：可迭代对象。

以一个简单的例子来说明 join() 方法的应用。

a = 'xyz'
spt = ' ' # 空格符
print(spt.join(a))
	输出
	x y z

wd = ['2008', '9', '5'] #List '/'.join(wd)	'2008/9/5'

* 将空白字符串以 join() 方法插入到另一个字符串 "xyz" 中的每个字符之间，形成 "x y z"。

* join() 用 "/" 字符将 List 对象中的每个元素组合成日期形式的字符串。

4.4.4 将字符串对齐

字符串也提供与对齐格式有关的方法，如下表所示。

方法	说明
center(width [, fillchar])	增加字符串宽度，字符串置中央，两侧补空格符
ljust(width [, fillchar])	增加字符串宽度，字符串置左边，右侧补空格符
rjust(width [, fillchar])	增加字符串宽度，字符串置右边，左侧补空格符
zfill(width)	字符串左侧补 "0"
expandtabs([tabsize])	按下【Tab】键时转成一或多个空格符
partition(sep)	字符串分割成 3 个部分，sep 前，sep，sep 后
splitlines([keepends])	依符号分割字符串为列表元素，当参数 keepends = True 时，保留分隔符，否则舍弃分隔符

使用这些对齐格式方法的时候，宽度要设置得比较大，才能看出效果。以方法 center() 为例进行说明，它的语法如下。

```
str.center(width [, fillchar])
```

* width：表示宽度，必要参数。
* fillchar：可选参数，省略时使用默认的空格符。

以下述示例做简单说明。

■ 范例 CH04010.py——字符串对齐

Step 01 在 Python Shell 模式下，单击 "File" 菜单下的 "New File" 子菜单命令，新建空白文档。

Step 02 输入下列程序代码。

```
name = 'Vicky'
print(name.center(11, '-'))
print(name.ljust(11, '*'))
print(name.rjust(11, '#'))
输出
---Vicky---
Vicky******
######Vicky
```

- ◆ center() 方法设宽度为 11，空白处以 "–" 字符补上。
- ◆ 方法 ljust() 和 rjust()，同样设宽度为 11，空白处以 "*" 字符补上。

num = 512 print(str(num).zfill(6,))	输出 000512

- ◆ 用 str() 函数将变量 num 转换为字符串后，再以方法 zfill() 以补 0 的方式输出 6 位数。

方法 partition() 分割字符串会形成 3 个部分：①为分隔符左边的子串；②为分隔符本身；③为分隔符右边的子串。以下述示例来说明。

word = 'file:/CH0105.py' print(word.partition(':/'))	输出 ('file', ':/', 'CH0105.py')

- ◆ 以 ":/" 做字符串分割。所以①为分割符号左侧的字符串 "file"；②为分割符号 ":/"；③为分割符号右侧的字符串 "CH0105.py"。

w1 = 'one, two, three' print(w1.splitlines())	输出 ['one, two, three']
w2 = 'one\ntwo\nthree' print(w2.splitlines())	输出 ['one', 'two', 'three']

- ◆ 字符串 w1 依据 ","（半角逗号）以 list 方式输出 1 组字符串。
- ◆ 字符串 w2 依据符号 "\n" 以 list 方式输出 3 组字符串。

4.5 格式化字符串

编写程序代码时，为了让输出的内容更便于阅读，可以对其格式进行设置，这就是 "格式化"。Python 提供 3 种格式化途径。

- 在 Python 早期的版本中，% 运算符配合 "转换指定形式" 能把字符串格式化。
- 内置函数 format() 可以以指定的宽度、精度和 "转换指定形式" 来处理单一数值格式。
- 建立字符串对象后，调用 format() 方法，在大括号 {} 内设置格式码，可以配合列名进行置换。

· 4.5.1 格式运算符 %

格式化字符串，利用 % 运算符生成"格式字符串"是 Python 早期的用法。该方法简单，易上手，下面来了解它的语法。

格式字符串 % 对象

 ♦ 格式字符串：由于本身是字符串，因此前后要加单引号或双引号。格式字符串以 % 开头，加上特定字符形成转换指定形式，如转换为数值形式还是字符串形式。

 ♦ 对象：即被转换的数据对象，可能是变量、数值或字符串，如下图所示。

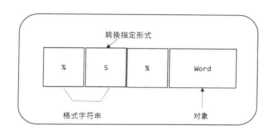

格式字符串里使用的 % 运算符，要结合转换指定形式以实现不同的结果，如下表所示。

转换指定形式	说明
%%	输出数据时显示 % 符号
%d, %i	用十进制输出数据
%f	将浮点数用十进制输出
%e, %E	将浮点数用十进制和科学记数法输出
%x, %X	将整数用十六进制输出
%o, %O	将整数用八进制输出
%s	使用 str() 函数输出字符串
%c	使用字符方式输出
%r	使用 repr() 函数输出

除了转换指定形式中列出的字符之外，格式字符串还可以加入格式限定符号、宽度和精度来指定格式转换形式，语法如下。

%[flag][width][.precision] 转换指定形式

 ♦ flag：配合字符串函数，设置输出格式（可参考 4.5.2 小节表格）。
 ♦ width：宽度，设置要输出的数据的宽度。
 ♦ precision：精度，用浮点数输出时可以确定其小数位数。
 下面通过以下示例说明 % 运算符如何格式化字符串。

```
name = 'Mary'
print('%s' % name)    # ①
print('%5s' % name)   # ②
print('%s'.center(10, '-') % name)    # ③
```

输出
① Mary
② Mary
③ ----Mary----

◆ ①用字符串的形式输出。

◆ ②"5s"指字符串宽度为5，但由于字符串长度为4，所以输出时前方有一个空格符。

◆ ③由于单引号内为字符串，属于 str 类，因此可以调用 center() 方法进行宽度的设置，并在空白处补"'-'"。

提示

- "%5s"表示宽度为5，字符串会靠右对齐，所以空出最左侧的字段。
- "%-5s"表示宽度为-5，字符串会靠左对齐，所以空出最右侧的字段。

如果要输出的对象是整数值，% 运算符应该如何配置？下面做简要说明。

```
number = 154
print('%d' % number)    # ①
print('%5d' % number)   # ②
print('%05d' % number)  # ③
```

输出
① 154
②   154
③ 00154

◆ ①处理整数值，使用"%d"，输出154。

◆ ②宽度设为5，输出时，前方两位用空格符补上，再输出数值154。

◆ ③设"%05"，宽度设为5，前方补两个"0"字符，输出时就成为"00154"。

如果要输出的对象是浮点数，% 运算符应该如何配置？除了宽度，还可以加上"precision"（精度），用以下例子简要说明。

```
import math   # 导入 math 模块
PI = math.pi  # 取得 PI( 圆周率 )
print('%f' % PI)      # ①
print('%1.4f' % PI)   # ②
print('%8.4f' % PI)   # ③
```

输出
① 3.141593
② 3.1416
③   3.1416

◆ ①"%f"直接输出 PI 值；②"%1.4f"则会输出 4 位小数。

◆ ③因为 PI 整数有1位、小数有4位，加上小数点，合起来共6位，所以"8-6"还余2位，前方补上 2 个空格符后再输出 PI 值。

■ 范例 CH0411.py——使用 % 运算符

Step 01 新建空白文档，输入下列程序代码。

```
01  blackTea = 45
02  name = input(' 请输入你的名字：')
```

```
03  qty = int(input(' 输入购买杯数： '))
04  print('Hi! %-12s' % name)
05  if qty >= 10:
06      total = qty * blackTea * 0.9
07      print(' 饮料 $ %4.2f' % total)
08  else:
09      total = qty * blackTea
10      print(" 饮料 $ %4d" % total)
```

Step 02 保存文档，按【F5】键运行。

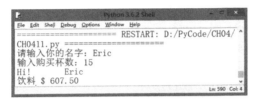

程序解说

- 第 4 行：% 运算符配合字符串的输出，会靠右对齐，左侧有空格符。
- 第 7 行：% 运算符配合浮点数的输出，会输出含有 2 位小数的数值。
- 第 10 行：% 运算符配合整数的输出，会输出宽度为 4 的数值。

· 4.5.2 内置函数 format()

在 Python 3.X 之后的版本中，要想针对单一数据进行格式化，可以调用内置函数 format()，用户可以根据数据所处位置对数据进行格式化操作。其语法如下。

```
format(value[, format_spec])
```

- value：要格式化的数值或字符串。
- format-spec：即格式字符串；根据它来指定输出结果的格式、宽度和精度，可参考下图的说明。

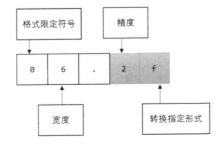

"宽度"代表字符所占的宽度；"精度"则是使用浮点数时可设置输出的小数位数。

下表介绍了 format() 函数中参数 format-spec 的格式限定符号。

格式限定符号字符	说明
'#'	配合十六进制、八进制进行转换时，可在前方补上 0
'0'	数值前补 0
'–'	靠左对齐，若与 0 同时使用，会优于 0
' '	会保留一个空格
>	靠右对齐
<	靠左对齐

输出的数据可利用格式限定符号">"或"<"来靠左或靠右对齐！当然还得配合宽度的设置才能获得明显的结果，用以下示例进行说明。

```
word = 'Python'      # 定义字符串变量
format(word, '<10s') # 宽度为 10，靠左对齐
```

P	y	t	h	o	n				
1	2	3	4	5	6	7	8	9	10

对字符串进行对齐格式的操作时，必须加入宽度才能看出靠左、靠右对齐的效果。

```
format(word, '>10s') # 宽度为 10，靠右对齐
```

				P	y	t	h	o	n
1	2	3	4	5	6	7	8	9	10

用 format() 函数处理浮点数，示例如下。

```
number = 12.4785
format(number, '<12.5f')
```

1	2	.	4	7	8	5	0				
1	2	3	4	5	6	7	8	9	10	11	12

◆ 浮点数会靠左对齐，宽度为 12，用 5 位小数显示，右侧留下 4 个空格符。

■ 范例 CH0412.py——使用 format() 函数

Step 01 新建空白文档，输入下列程序代码。

```
01   salary = int(input(' 请输入薪资 -> '))
02   # 根据薪资扣除税额
03   if salary >= 28000:
04      tax = salary * 0.06
05   elif salary >= 32000:
06      tax = salary * 0.08
```

```
07   else: # < 28000 不扣税
08      tax = 0
09   income = salary - tax # 实领薪资
10   print(' 薪资： ', format(salary, '>8d'))
11   print(' 扣除额 = ', format(tax, '>4.2f'))
12   print(' 实领薪资： ', format(income, '>6.2f'))
```

Step 02 保存文档，按【F5】键运行。

程序解说

◆ 根据输入的薪资数额，扣除税额后，使用 format() 函数来进行格式化输出。

◆ 第 3~8 行：if/elif/else 语句用于判断薪资应扣除的税额，金额未大于 28000 元就不扣税，用 else 语句进行处理。

◆ 第 10 行：format() 函数处理整数输出的格式：宽度为 10，靠右对齐。

◆ 第 11 行：format() 函数处理浮点数输出的格式：宽度为 4，含 2 位小数，靠右对齐。

4.5.3 str.format() 方法

格式化字符串除了可以使用内置的 format() 函数之外，当输出的数据有多项时，还可以用字符串对象的 format() 方法。用大括号 {} 放置栏名，根据位置、关键词置换其中的栏名，对数据进行不同格式的输出。大括号 {} 的索引编号由 "零" 开始，以此类推，利用以下示例来说明。

name = 'Eric' salary = 35127 print('{0}, 薪资： {1}'.format(　name, salary))	输出 Eric, 薪资： 35127

◆ 字符串对象中用大括号 {} 表示栏名，配合 format() 函数来对应要输出的对象，通过下图说明。

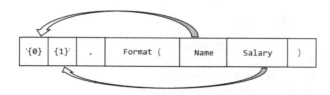

表示字符串"name"会替换栏名1（即大括号 {0}），而变量 salary 则会替换栏名2（即大括号 {1}），分别输出替换后的值。那么，大括号中除了存放栏名之外，还可以搭配其他参数进行不同的组合输出，它的语法如下。

{栏名}

◆ 栏名：大括号里可以使用位置和关键词进行参数传递。

◆ 位置参数使用索引编号，由"0"开始。关键词自变量包含变量。无论是哪一种皆可以交替使用。

◆ 关键词自变量要用"变量 = 变量值"的形式放入大括号中。

大括号 {} 内索引编号并无顺序性，习惯由小而大，但一定要跟 format() 函数的自变量对应。以下示例的索引编号是由大而小的。

print('{2}, {1}, {0}'.format(　'One', 'Two', 'Three'))	输出 'Three, Two, One'
print('{0}, {1}, {2}'.format(　'One', 'Two', 'Three'))	输出 'One, Two, Three'

此外，栏名也可配合指定转换形式来输出，语句如下。

{栏名 : format-spec}

◆ format-spec 就是"[宽度][.精度][转换指定形式]"，如下表所示。

format-spec	说明
fill	可填补任何字符，但不包含大括号
align	以4种字符进行对齐操作① < 靠左；② > 靠右；③ = 填补；④ ^ 居中
sign	使用"+" "-"或空格，同 % 格式字符串
#	用法与 % 格式运算符相同
0	用法与 % 格式运算符相同
width	数值宽度
,	千位符号，就是每3位数就加上逗号
.precision	精度，用法与 % 格式运算符相同
typecode	用法与 % 格式运算符几乎相同；参考 4.5.2 小节表格

str.format() 方法的栏名，也能指定"变量 = 变量值"，配合 format-spec 进行格式化输出，下面一起了解它们的用法。

● 先设好变量值，再进行格式化输出。

name = 'Vicky' salary = 35247 print('{0}, {1:,d}'.format(name, salary))	输出 'Vicky, 35,247'

- ◆ "{1:,d}"表示输出的整数值含有千位符号，即"35,247"。
- 使用两个关键词自变量，采用"变量 = 变量值"的形式。

print('{name:-^8}, {salary:,}'.format(name = 'Eric', salary = 35247))	输出 '--Eric-- 37,457'

- ◆ 大括号 {} 必须指明自变量名称，format() 中的"变量 = 变量值"也必须与之对应。
- ◆ "{name:-^8}"设置字符串居中对齐，宽度为 8，空白处补"-"字符。

新手上路

在用 str.format() 进行字符串格式化时，如果宽度与千位符号一起使用，会因为互相冲突而发生错误。

```
>>> '{0:010d}'.format(32500)
'0000032500'
>>> '{0:,}'.format(32500)
'32,500'
>>> '{0:,10}'.format(32500)
Traceback (most recent call last):
  File "<pyshell#21>", line 1, in <module>
    '{0:,10}'.format(32500)
ValueError: Invalid format specifier
```

- ◆ "{0:010d}"表示宽度为 10，数值前方以 0 补齐。
- ◆ "{0:,}"表示加上千位符号来输出整数值。
- ◆ "{0:,10}"宽度与千位符号并用，显示"ValueError"错误。

■ 范例 CH0413.py——str.format() 应用：处理浮点数

Step 01 新建空白文档，输入下列程序代码。

```
01   import math# 导入 math 模块
02   radius = int(input(' 输入半径值 -> '))
03   print('PI = {0.pi}'.format(math)) # 输出 PI 值
04   # 计算圆面积
05   area = (math.pi) * radius ** 2
06   print(' 圆面积 = {0:,.3f}'.format(area))
```

Step 02 保存文档，按【F5】键运行。

程序解说

◆ 第 3 行：format() 函数调用 math 类，以属性｛0.pi｝输出 PI 值。

◆ 第 6 行："{0:,.3f}" 圆面积的值，其整数部分含有千位符号，保留 3 位小数。

■ 范例 CH0414.py——str.format() 应用：for/in 循环以格式化输出

Step 01 新建空白文档，输入下列程序代码。

```
01   print('{0:>3} {1:>3} {2:>5}'.format(
02      'x', 'x*x', 'x*x*x'))
03   print('-'*15)
04   for x in range(1, 11):
05      print('{0:3d} {1:3d} {2:5d}'.format(
06         x, x*x, x*x*x))
```

Step 02 保存文档，按【F5】键运行。

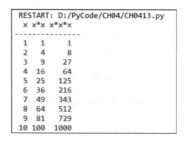

```
RESTART: D:/PyCode/CH04/CH0413.py
 x x*x  x*x*x
---------------
 1    1     1
 2    4     8
 3    9    27
 4   16    64
 5   25   125
 6   36   216
 7   49   343
 8   64   512
 9   81   729
10  100  1000
```

程序解说

◆ 第 1~2 行：大括号 {} 的格式码，设置 3 个输出的数值，宽度分别为 3、3 和 5，全部靠右对齐。

◆ 第 4~6 行：在 for/in 循环中使用 range() 函数对 X 进行赋值，其赋值范围为 1~10，每次循环分别计算 X，X*X 和 X*X*X 的值，然后按照 format() 设置的格式输出。

章节回顾

• 字符串来自序列类型（Sequence）的时候，可视字符串为容器。内置函数 str() 是

String 的类型转换函数，可以利用它将数字转换为字符串。

- 内置函数 len() 能获取字符串的长度，max() 和 min() 函数能根据 ASCII 值找出字符串的最大值和最小值。

- 利用三重单引号或三重双引号输出的多行字符串称为"文档字符串"（doc string），它可以根据使用者要求的格式输出。

- 字符串的字符具有顺序性，利用 [] 运算符截取字符串的某个单一字符或某个范围的字符串，称为"切片"。

- 字符串提供的函数或方法中，find() 或 index() 方法可在指定位置寻找特定字符；count() 方法可以统计某字符出现的次数；replace() 方法可以用来置换字符串里的某些字符；split() 方法可以用来分割字符串。

- 格式化字符串。方法一是利用 % 运算符配合"转换指定形式"生成"格式字符串"。方法二是利用内置函数 format() 配合格式限定符号、宽度和精度指定数据的输出格式。方法三则是使用字符串对象中的 str.format() 方法。

自我评价

一、填空题

1. Python 提供内置函数 _____ 取得 ASCII 值，_____ 可以将 ASCII 值转换为字符。

2. 请解释这些转义字符的作用："\n"_____、"\t"_____、"\'"_____。

3. _____ 是把多行字符串利用三重单引号或三重双引号固定其输出模式。

4. 设字符串变量 wd 如下，参考下列索引，填写答案。

string	H	e	l	l	o	!		P	y	t	h	o	n	!	!
index	0	1	2	3	4	5	6	7	8	9	10	11	12	13	14
-index	-15	-14	-13	-12	-11	-10	-9	-8	-7	-6	-5	-4	-3	-2	-1

① wd[5:] _____、② wd[7:15] _____、

③ wd[-5:] _____、④ wd[::-1] _____、

⑤ wd[::-3] _____。

5. 依据字符串，在表格的编号处填写答案。

'charles'.upper()	输出	①
'charles'.isupper()	输出	②
'CHARLES'.title()	输出	③

'Charles'.istitle()	输出	④
'apple'.index('p')	输出	⑤
'banana'.count('a')	输出	⑥

6. 寻找字符串中的某个特定字符，_____方法找不到时会输出 "-1"，_____方法则会显示错误信息。

7. 请将下列字符串用 split() 方法分割结果，在表格的编号处填写答案。

'2017/8/12'.split('/')	①
'One Two Three'.split()	②

8. 要输入字符串的哪些方法，才会输出下列格式。①_____、②_____、③_____。

'Mary'. ① (12, '*') 'Mary'. ② (12, '–') 'Mary'. ③ (12, '~')	输出 ① '****Mary****' ② 'Mary--------' ③ '~~~~~~~~Mary'

9. 配合格式运算符 %，填写下列数据的输出格式。

print('%#010d' %num)	输出①
PI = 3.141596 print('%0.2f' %PI)	②

10. 配合 format() 函数，填写下列数据的输出格式。其中，

"'>10d'" 表示_____；

"'–^10s'" 表示_____。

print(format(4788, '>10d'))	输出①
print(format('Eric', '–^10s'))	②

11. 使用 str.format() 方法来填写下列语句的输出格式。

① print('{2}, {1}, {0}'.format('Eric', 'Mary', 'Peter'))
② print('{name:}, 7 月薪资 {salary:,}'.format(name = 'Peter', salary = 33247))

输出①_____；

②_____。

二、实践题

参考范例 CH0402.py，以 for/in 循环读取以下字符串，同时输出每个字符的索引。

message = 'The Zen of Python'

## 第 5 章

组合不同的数据

章节导引	学习目标
5.1 认识序列类型	认识序列类型的特点及操作
5.2 Tuple	掌握 Tuple 用法，建立元素后不能改变位置
5.3 List 的基本操作	学会用 list() 函数转换对象，元素位置可变
5.4 将数据排序与求和	认识两种函数：list.sort() 方法和 sorted() 函数
5.5 当 List 中还有 List	掌握使用矩阵、二维 List 的方法
5.6 认识 List 生成式	掌握 List 的生成式，让程序更简洁

5.1 认识序列类型

计算机的内存空间是有限的。如果是单一数据，使用变量（又称"对象参照"）来处理当然绰绰有余。但当数据是连接性的且较复杂时，使用单一变量来处理可能就捉襟见肘了！

许多程序语言会用数组 (Array) 来处理这些占有连续内存空间的数据，并以相同的数据类型储存。Python 则以序列类型将多个数据聚合在一起，根据其可变性 (mutability)，序列 (Sequence) 数据可以分成不可变 (Immutable) 和可变 (Mutable) 两大类，涵盖的类型如下图所示。

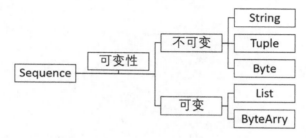

那么可变与不可变，究竟有什么不同？

- 不可变的 (immutable)：对象一旦被建立，它的内容或值是固定不变的。如果内容被改变，它会重新指向新的对象，原有对象会等待系统的自动回收。

- 可变的 (mutable)：指变量的值或序列中的元素可以改变，它所指向的对象不受影响。

· 5.1.1 序列类型的特点

如果把序列类型视为容器，存放的数据则称为元素 (element)，它包含各式各样的对象，序列类型的特点如下。

- 由于它是可迭代对象，可使用 for/in 循环读取。
- 利用 [ ] 运算符和索引 (index) 可以取得序列的某个元素。
- 支持 in/not in 运算符，可以判断某个元素是否属于 / 不属于序列对象。
- 可以通过内置函数 len()、max() 和 min() 取得其长度或大小。
- 可以进行切片 (Slicing) 运算。

提示

提示

　　Python 可通过容器（Container）做迭代操作。迭代器（Iterator）类型是一种复合式数据类型，可将不同数据放在容器内迭代。迭代器对象会以"迭代器协议""Iterator protocol"作为沟通标准，它有两个界面"Interface"。

- Iterable（可迭代对象）：通过内置函数 iter()（__iter__）输出迭代器对象。
- Iterator（迭代器）：由内置函数 next()（__next__）输出容器的下一个元素。

· 5.1.2 序列元素及操作

　　序列（Sequence）数据除了之前学习过的 String（字符串）外，还有 List（列表）、Tuple（元组）等。下面一起来学习这些序列类型的相关操作，操作中使用的一些运算符曾在第 4 章介绍过，如下表所示。

运算符	说明（seq 为序列对象）
seq[index]	[ ] 中括号内为索引，表达元素储存的位置
seq[start : end]	取得元素；以索引指定范围，包含 start 但不包含 end
seq1 + seq2	将两个序列连接
seq * expr	重复叠加 seq，叠加次数为 expr
obj in seq	判断某个对象（元素）是否包含在序列内
obj not in seq	判断某个对象（元素）是否未包含在序列内

　　如何建立 List 和 Tuple？我们通过下面的例子来做简要的说明。

```
>>> number = [11, 22, 33]
>>> tp = ('Mary', 25833)
>>> type(number); type(tp)
<class 'list'>
<class 'tuple'>
```

提示 List? Tuple?

- List 以中括号 [ ] 表示存放的元素。中文名称为列表，本书中称之为"List"。
- Tuple 以圆括号 () 表示存放的元素。中文名称为元组，本书中称之为"Tuple"。

- [ ] 运算符：配合序列的索引编号，取得序列指定的元素，其语法如下。

```
序列类型 [index]
```

- [ ]（中括号）运算符用于标示序列元素的位置，又称索引 (index)。
- index：或称"offset"（偏移量），只能使用整数值。索引值有两种表达方式，左边由 0 开始，右边则是由 −1 开始。

　　因此，序列的元素都是有编号的，这些编号即为索引，下面举一个例子来说明。

name = ['Mary', 'Eric', 'Judy']

* name 是一个 List 对象，存放 3 个元素。

元素	Mary	Eric	Judy
索引	[0]	[1]	[2]
索引	[−3]	[−2]	[−1]

　　使用 [ ] 运算符来调用序列的元素。

name[1]	输出 Eric
name[−3]	输出 Mary

新手上路

　　[] 运算符有两种用法：方法一是取得序列类型的某个元素；方法二是变更某个序列类型所存储的元素。但方法二只适用于 List 对象，无法改变字符串的某个字符或 Tuple 对象的某个元素。这是因为字符串和 Tuple 对象都是不能被改变的。如果不小心用运算符 [] 变更了字符串的某个字符，它会出现错误的提示。

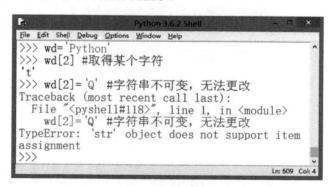

* "in / not in" 运算符用于判断某个元素是否存储于序列中。

number = [11, 22, 33, 44] #List 44 in number　# ① 55 in number　# ② 55 not in number　 # ③	输出 ① True ② False ③ True

* in 运算符用于判断元素 44 是否存储于 number 中。
* not in 运算符用于判断元素 55 未存储于 number 中。

- "+"运算符将两个 List 连接。

num1 = [11, 33]   #List
num2 = [22, 44]
print(num1 + num2)
	输出
	[11, 33, 22, 44]

新手上路

用 "+" 运算符相加的对象必须是相同类型的序列，否则会出现错误提示。

```
>>> num1 = [22, 44]
>>> word = 'Today'
>>> num1 + word
Traceback (most recent call last):
  File "<pyshell#16>", line 1, in <module>
    num1 + word
TypeError: can only concatenate list (not
"str") to list
```

- "*"运算符用于进行重复运算，也就是把某个序列复制 expr 次。（expr 为 * 号后面的表达式的值）

wd = ['a', 'b', 'c'] print(wd * 2)	输出 ['a', 'b', 'c', 'a', 'b', 'c']

- ◆ 将 wd 复制 2 次，输出 6 个元素。
- 内置函数 len()、max() 和 min() 也可以使用。

num = [25, 347, 4, 812] len(num); max(num); min(num)

- ◆ len() 函数输出 num 的长度是 4。
- ◆ max() 函数找出 num 最大的元素，所以是 812。
- ◆ min() 函数找出 num 最小的元素，所以是 4。

5.2 Tuple

　　序列类型的 Tuple（中文称为元组）对象，其元素具有顺序性，不能任意更改位置。如何建立 Tuple？ Tuple 对象以括号 () 来存放元素，使用 for/in 或 while 循环读取内容，内置函数 tuple() 可将 "可迭代对象" 转换成 Tuple 对象。

· 5.2.1 建立 Tuple

用括号建立 Tuple 对象的方法，在前一节已提过一些，Tuple 对象所存放的元素，同样是以索引来引用的，下面通过示例来认识 Tuple。

```
>>> () #表示空的Tuple
()
>>> tp = ()
>>> type(tp)
<class 'tuple'>
```

  ◆ 括号 () 表示空的 tuple。

  ◆ tp 也是空的 tuple 对象，可以使用内置函数 type() 验证其类型。

由于括号也可存放数值，当括号中只有一个数值时，如何区别括号内是 Tuple 元素还是数值？这时，可以在元素之后加上 "," （半角逗号）来解决问题。

```
>>> x = (56,); y = (56)
>>> type(x); type(y)
<class 'tuple'>
<class 'int'>
```

  ◆ 变量 x 是 tuple 对象，只有 1 个元素，为了避免被误认为数值，所以加上 ","。

  ◆ 变量 y 则用于存放 int 类型，type() 函数可指出变量 x 和 y 的不同。

由于 Python 是语法灵活的程序语言，在生成 Tuple 对象时，允许用户将括号省略。如下面的例子中，都为 Tuple。在后文中，我们会经常常用到这样的省略方式。

```
('Eric', 'Tom', 'Judy')    # 建立没有名称的 Tuple 对象
data = ('A03', 'Eric', 25) # 建立有名称的 Tuple 对象
data = 'A03', 'Eric', 25 # 省略小括号，也是 Tuple 对象
```

  ◆ Tuple 元素与元素之间要用逗号（半角）隔开。若是字符串，则前后要使用单引号或双引号做分辨。

  ◆ Tuple 对象可存储不同类型的元素。

· 5.2.2 内置函数 tuple

内置函数 tuple() 可将 List 和字符串转换成 Tuple，语法如下。

```
tuple([iterable])
```

  ◆ iterable：要转换的可迭代对象。

tuple() 函数只能转换可迭代对象，如果用数值作为其参数，会发生错误 "TypeError" !

那么如何转换？下面通过示例来介绍。

wd = 'world'   #string
print(tuple(wd))   # ①
num = [25, 47, 652] #List
print(tuple(num))   # ②
	输出
	① ('w', 'o', 'r', 'l', 'd')
	② (25, 47, 652)

- ◆ 字符串 wd 转换成 Tuple 对象时，会被拆解成若干单一字符。
- ◆ List 对象本身属于可迭代对象，可转换成 Tuple 对象。

Tuple 的元素可以是不同类型的数据。和其他序列类型相同，每个元素的索引编号，左边由 [0] 开始，右边则是从 [-1] 开始，可以参考下面的说明。

元素	'Mary'	65.78	2017
索引	[0]	[1]	[2]
索引	[-3]	[-2]	[-1]

新手上路

由于 Tuple 是不可变 (Immutable) 的对象，这意味着生成 Tuple 元素之后，不能变动每个索引所指向的元素。若通过索引编号来改变其值，解释器会出现错误的提示。

```
>>> num = (25, 47, 652)
>>> num[0] = 84
Traceback (most recent call last):
  File "<pyshell#16>", line 1, in <module>
    num[0] = 84
TypeError: 'tuple' object does not support
item assignment
```

- ◆ 利用索引编号来变更第一个元素的值，会产生错误。

既然 Tuple 对象无法变更索引编号所指向的对象，所以跟增减、更改元素相关的 append()、remove() 和 insert() 等方法也就不能使用，否则会出现错误提示。

```
>>> num.append(147)
Traceback (most recent call last):
  File "<pyshell#17>", line 1, in <module>
    num.append(147)
AttributeError: 'tuple' object has no attr
ibute 'append'
```

- ◆ 沿用上一个语句所建立的 num 对象，使用 append() 方法新增一个元素也会产生错误。

· 5.2.3 Index() 和 count() 方法

为避免出现上述错误，可以使用以下方式。建立 Tuple 对象之后，按下 "."，会发现它只有 index() 和 count() 两个方法可用。

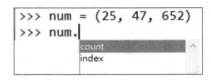

介绍字符串时，曾提到过 count() 方法。与之前一样，这里的用法也是统计某个元素出现的次数，先用以下示例来介绍其操作方法。

number = 25, 33, 164, 25, 81　#Tuple print(number.count(25))	输出 2

index() 方法只会输出某个元素第一次出现的索引编号，index() 方法还可以加入其他参数，其语法如下。

index(x, [i, [j]])

- x 指 tuple 对象的元素，不能省略。
- i、j：可选参数，表示索引值的范围是从 i 开始到 j 结束。

新手上路

使用 index() 方法，如果找不到指定的元素，也会输出错误"ValueError"，并指出"x not in tuple"。

```
>>> tp = 38, 81, 642, 57
>>> print(tp.index(47))
Traceback (most recent call last):
  File "<pyshell#1>", line 1, in <module>
    print(tp.index(47))
ValueError: tuple.index(x): x not in tuple
```

要搜索 Tuple 对象的最后一个元素"57"，如果使用加入边界值的方法，必须保证边界值的大小至少比索引值大 1，否则无法输出找到的位置。

tp = 38, 81, 642, 57 print(tp.index(57))　 #① print(tp.index(57, 2, 4))　#② print(tp.index(57, 0, 3))　#③	输出 ① 3 ② 3

- ① index(57) 只设第 1 个参数，要取得"57"的位置，因此输出索引值为"3"。
- ② index(57, 2, 4)3 个参数全设，其中的 4 为边界值，因此输出索引值"3"。
- ③ index(57, 0, 3)3 个参数全设，但搜索时并不含索引 3，所以产生错误。

```
>>> print(tp.index(57, 0, 3))
Traceback (most recent call last):
  File "<pyshell#1>", line 1, in <module>
    print(tp.index(57, 0, 3))
ValueError: tuple.index(x): x not in tuple
```

■ 范例 CH0501.py——index() 方法

`Step 01` 新建空白文档，输入下列程序代码。

```
01   tp1 = 22, 44; tp2 = (11, 33)
02   print(' 连接两个 Tuple', tp1 + tp2)
03   tp3 = 'Mary', 'look' + ' at', 'Tom'
04   print(tp3)
05   # 建立 Tuple，使用 index() 方法
06   data = 38, 14, 45, 14, 117
07   print(' 数值 14 之索引编号： ', data.index(14))
08   #index() 方法从索引编号 2 开始
09   print(' 第 2 个 14： ', data.index(14, 2))
10   print(' 数值 117:', data.index(117, 0, 5))
```

`Step 02` 储存文件，按【F5】键执行。

```
CH0501.py ====================
连接两个Tuple (22, 44, 11, 33)
('Mary', 'look at', 'Tom')
数值14之索引编号： 1
第2个14： 3
数值117: 4
```

程序解说

◆ 第 2 行：以 "+" 运算符连接两个 Tuple 对象：tp1 和 tp2。

◆ 第 3 行：生成 Tuple 对象的同时，利用 "+" 运算符将 "look" 和 "at" 两个元素连接在一起。

◆ 第 7 行：从 Tuple 对象中找出数值 14，index() 方法输出的位置为索引 "1"。

◆ 第 9 行：由索引编号 2 到最后，输出第 2 个 14 的位置。

◆ 第 10 行：使用 index(117, 0, 5) 时，要注意边界值必须至少比 117 的索引值大 1。

· 5.2.4 读取 Tuple 元素

那么要如何读取 Tuple 元素？这里还是采用 "迭代"（iteration）的方法。由于读取

元素的动作是"一个接着一个"，所以可以使用 for/in 循环，下面通过示例来介绍。

tp = 38, 81, 642, 57 #Tuple for item in tp: print(item, end = ' ')	输出 38 81 642 57

* 以 for/in 循环读取项目"item"，print() 函数直接输出 item。

大家一定会想，while 循环可行吗？以它读取 Tuple 元素，除了要用 len() 函数取得其长度，还要有计数器做累计。如果要显示索引和它指向的元素，需要使用如下语句。

```
index 序列类型 [index]
```

表示它会输出索引编号和元素，我们通过 Python Shell 互动模式来简单认识一下！

```
>>> item = 0
>>> name = 'Mary', 'Ada', 'Vicky'
>>> while item < len(name):
        print(item, name[item])
        item += 1

0 Mary
1 Ada
2 Vicky
```

* 由于变量 item 可当作计数器来使用，所以要设初值"item = 0"。

* 要让 while 循环去读取下一个元素，必须移动计数器，所以"item += 1"。

* 使用 print() 函数输出时，第一个"item"是索引编号，第二个 item 是指向索引编号所存放的元素。

读取 Tuple 对象的元素后，还可以加入 format() 函数做格式化输出，示例如下。

■ 范例 CH0502.py——使用 format() 函数实现格式化输出

Step 01 在 Python Shell 模式下，单击"File"菜单下的"New File"子菜单命令，新建空白文档。

Step 02 输入下列程序代码。

```
number = (21, 23, 25, 27, 29) #Tuple
item = 0 # 计数器，配合 Tuple 索引值，由 0 开始
# while 循环读取，len() 函数取得 number 长度
while item < len(number):  # ①
  print('{0:4d}'.format(number[item]), end = '')   # ②
  item += 1 # ③计数器累加
else:
  print('\n 读取完毕 ')
```

- ◆ ①条件表达式中 item 的值须小于 number 的长度，才会读取 number 元素。
- ◆ ②按照配合 format() 方法限定的格式输出，输出的宽度为 4。
- ◆ ③ while 循环每执行一次，计数器会自动加 1。
- ◆ 当 number 的元素读取完毕时，else 语句就会输出"读取完毕"。

那么，while 循环如何以索引编号来输出元素呢？首先会使用 len() 函数取得 Tuple 长度，然后再以 item 作为计数器，每读取一个就计量加 1，可参考下图。

```
>>> number = (21, 45, 33, 64, 53)
>>> for item in range(len(number)):
        print(item, number[item])

0 | 21
1 | 45
2 | 33
3 | 64
4 | 53
```

使用 for/in 循环读取 Tuple 元素，首先通过 len() 函数取得 Tuple 的长度。由于 range() 函数自动配有计数器，因此可以使用 range() 函数指定输出范围。下面通过示例来介绍。

■ 范例 CH0503.py——读取 Tuple 元素

Step 01 新建空白文档，输入下列程序代码。

```
01   tp = 39, 81, 642, 57, 324, 62   #Tuple
02   # 设表头
03   print('%5s' %'index' '%8s' %'element')
04   print('-'*14)
05   # for/in 配合 range(), len() 读取指定范围元素
06   for item in range(2, len(tp)):
07       print('{:5d} {:7d}'.format(item, tp[item]))
```

Step 02 储存文件，按【F5】键执行。

```
RESTART: D:/PyCode/CH05/CH0503.py
index element
--------------
    2       642
    3        57
    4       324
    5        62
```

(程序解说)

- ◆ 第 6~7 行：Tuple 也属于序列类型，也支持"切片"运算。在 for/in 循环中，通过

range() 函数结合 len() 函数来指定从索引值 2 开始读取元素到最后。

· 5.2.5 Tuple 和 Unpacking

在将字符串转换为 Tuple 元素时，原本作为一个整体的字符串会变成一个个单独的字符，这就是 Unpacking 的作用。它适用于 List 和 Tuple，它可以将序列元素拆解成单独项目，再指派给多个变量来使用，下面通过示例来介绍。

```
>>> wd = '123'
>>> One, Two, Three = wd
>>> print(One, Two, Three)
1 2 3
```

◆ 输出时，表示字符 1 指派给变量 One，字符 2 指派给变量 Two，字符 3 指派给变量 Three，所以会分别输出"1 2 3"。

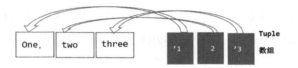

■ 范例 CH0504.py——Packing 和 Unpacking 的用法

Step 01 新建空白文档，输入下列程序代码。

```
01   score = [78, 56, 33] #List
02   chin, math, eng = score #Unpacking
03   print(' 语文：{0:2d} 数学：{1:2d} 英语：{2:2d}'.format(
04       chin, math, eng))
05   print(' 总分：', sum(score))
06   n = 'Eric'; b = '1998/4/17'; t = 175
07   tp = (n, b, t) #Packing
08   name, birth, tall = tp #Unpacking
09   print(' 名字：{0:>4s}'.format(name))
10   print(' 生日：{0:9s}，身高：{1}'.format(birth, tall))
```

Step 02 储存文件，按【F5】键执行。

程序解说

- ◆ 第 2 行：将 List 的元素拆解后，分别分配给变量 chin、math、eng 存储。
- ◆ 第 3~4 行：利用 str.format() 方法设置各个变量的输出宽度为 2。
- ◆ 第 5 行：用内置函数 sum() 将 score 中的分数累加。
- ◆ 第 6、7 行：变量 n、b、t 分别存放不同的变量，再以 Tuple 做 Packing。
- ◆ 第 8 行：将 Tuple 元素拆解，分别分配给变量 name、birth、tall 存储。
- ◆ 第 9 行：str.format() 方法针对单一变量 name，以宽度为 4、靠右对齐输出字符串。
- ◆ 第 10 行：str.format() 方法针对两个变量 birth、tall 做格式化设置。

使用 Unpacking 的方法，可以为多个变量指派值，也可以快速对两个变量值做置换（swap），示例如下。

■ 范例 CH0505.py——两个变量值置换

Step 01 在 Python Shell 模式下，单击 "File" 菜单下的 "New File" 子菜单命令，新建空白文档。

Step 02 输入下列程序代码。

```
number = 115, 348 #Tuple
one, two = number #Unpacking
print(' 置换前 :{}, {}'.format(one, two))
one, two = two, one
print(' 置换后 :{}, {}'.format(one ,two))
输出
置换前 :115, 348
置换后 :348, 115
```

示例中 Tuple 对象两个元素的变化，可以用下图表示。

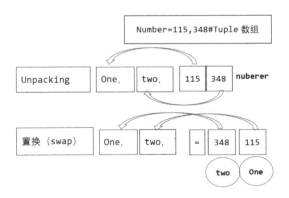

5.3 List 的基本操作

List 和 Tuple 皆属于序列，所不同的是 List 以中括号 [] 来表示存放的元素。如果说 Tuple 是一个规范严谨的模型，那么 List 就是可以随意捏制的泥人。List 的特点如下。

- 有序集合：不管是数字、字符串还是其他对象，皆可作为其元素，只要依序排列即可。
- 具有索引值：只要通过索引，就能取得某个元素的值，它也支持"切片"运算。
- 长度不受限：List 对象的长度同样可以通过 len() 函数取得，其长度可长可短。当 List 中又有其他 List 从而形成嵌套时，也可根据需求设置长短不一的 List 对象。
- 属于"可变序列"：相对于 Tuple 的不可变，List 为"可变"的序列类型，可以在运行时修改，具有较高的灵活性。例如，使用 append() 增加元素，可直接修改元素的值。

5.3.1 生成 List 对象

List（或称列表、清单）也属于序列，它同样可以利用内置函数 list() 做类型转换，参考下述示例。

```
data = []    # 空的 List
data1 = [25, 36, 78] # 储存的 List 元素以数值为主
data2 = ['one', 25, 'Judy']  # 含有不同类型的 List

data3 = ['Mary', [78, 92], 'Eric', [65, 91]]  # ①
```

◆ ①表示 List 中包含 List，这种形式也称矩阵。

用 list() 函数做转换时，若对象是字符串，也会如同 Tuple 对象般被拆解成单一字符，下面通过示例来介绍。

```
wd = 'World' # 字符串           输出
print(list(wd))                 ['W', 'o', 'r', 'l', 'd']
```

分割字符串的 split() 方法，也能将分割后的字符串以 List 对象输出。

```
name = 'Mary Eric Tom'.split()      输出
print(name)   # ①                   ① ['Mary', 'Eric', 'Tom']
special = '2017/8/8'.split('/')      ② ['2017', '8', '8']
print(special)   # ②
```

◆ ① split() 方法使用空格符为分割器，将 name 分割成 3 个元素。
◆ ② split() 方法使用 "/" 为分割器，将 special 分割成 3 个元素。

存放在 List 中的元素是可变的，利用 [] 运算符指定索引编号就可以变更某个元素的值。

◆ 以 [0] 运算符将第一个元素变更成其他元素。

del 运算符能删除 List 中指定的某个元素。而运算符 [:] 可以取得 List 的所有元素，所以运算符 "del" 结合 [:] 可以删除所有元素，如下图所示。

下述范例是先建立空的 List，再用 for 循环调用 append() 方法新增元素。

■ 范例 CH0506.py——输入 List 元素并读取

Step 01 新建空白文档，输入下列程序代码。

```
01   ambit = 5 # 设置 range() 函数范围
02   friends = [] # 建立空的列表
03   # 以 for 循环读取数据
04   print('请输入 5 个名字: ')
05   for item in range(ambit):
06     name = input() # 取得输入名称
07     # 将输入名字以 append() 方法新增到 List
08     if name != '':
09        friends.append(name)
10     else:
11       print('输入完毕 ...')
12   # 输出数据
13   print('名字 ', end = '->')
14   for item in friends:
15     print('{:7},'.format(item), end = '')
```

Step 02 储存文件，按【F5】键执行。

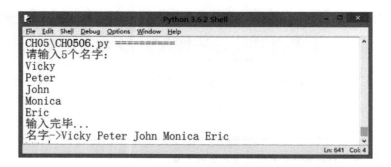

程序解说

◆ 第 2 行：建立空列表，中括号 [] 内无任何元素。

◆ 第 5~8 行：使用 for/in 循环输入元素，当用户输入空字符串 '' (直接回车) 时结束输入，输出 "输入完毕"。

◆ 第 9 行：通过 append() 方法将接收的对象加到列表 student 中。

◆ 第 14~15 行：将存储于 name 的 List 元素输出。

· 5.3.2 与 List 有关的方法

列表中的元素可以任意增加、删除，相关方法如下表所示。

方法名称	说明 (s 为 List 对象，x 元素，i 索引编号)
append(x)	将元素 (x) 加到 List(s) 的最后
extend(t)	将可迭代对象 t 加到 List 的最后
insert(i, x)	将元素 (x) 依指定的索引 i 插入 List
remove(x)	将指定元素 (x) 从 List 中移除，跟 "del s[i]" 相同
pop([i])	输出删除的元素；依索引 i 来删除某个元素 未给 i 值会删除最后一个元素
s[i] = x	将指定元素 (x) 依索引 i 重新指派
clear()	清除所有 List 元素，跟 "del s[:]" 相同

下面通过示例来介绍如何使用各个方法。

● append() 方法会把对象加到最后，成为最后一个元素。

number = [523, 547] number.append(344) print(number)	输出 [523, 547, 344]

● insert() 方法会在指定位置插入元素；remove() 方法会删除指定的元素。

number = [523, 547, 344]
number.insert(1, 43) # 索引 1 插入
print(number)
	输出
	[523, 43, 547, 344]

number = [523, 43, 547, 344] number.remove(344) print(number)	[523, 43, 547]

- pop() 方法依据索引值来删除某个元素。

number = [523, 43, 547]
number.pop() # 未指明，删最后一个元素
print(number)
# 删除索引 [1] 的元素 	
print(number.pop(1))
	输出
	547(表示最后一个元素被删除)
	[523, 43]
	43(索引 [1] 元素被删除)
	43

提示 要删除 List 的元素 ,可以使用 del 语句、pop() 和 remove() 方法 ,它们有何不同 ?

- *del 语句须搭配 [] 运算符, 如 "del number[2] "。*
- *方法 pop() 和 remove() 都能删除元素, 但 remove() 方法不会返回被删除的元素值。*

虽然 append() 方法和 extend() 方法都可以将项目加到 List 对象的最后。但是 extend() 方法用于将两个 List 对象结合，它强调的是有顺序的对象 (可迭代对象)，以下述示例来说明。

name = ['Tom', 'Judy'] #List 1
score = [78, 65]   #List 2
score.extend(name)
print(score)
	输出
	[78, 65, 'Tom', 'Judy']

- *将第一个 List 使用 extend() 方法加到第二个 List 的后面。*

还记得赋值运算符 "+="吗？它与 extend() 方法有异曲同工之妙，下面用示例来介绍。

wd1 = ['Hello', 'World']   # List 1
wd2 = ['Python', 'Language']   # List 2
wd1 += wd2   # 使用指派运算符，执行 "wd1.extend(wd2)"
print(wd1)

输出：['Hello', 'World', 'Python', 'Language']

- *使用赋值运算符 "+="，如同将第二个 List 使用 extend() 方法加到第一个 List。*

新手上路

直接把数值用 extend() 方法加到 List 对象里，会出现错误 "TypeError"。

```
>>> name = ['Tom', 'Eric']
>>> name.extend(89)
Traceback (most recent call last):
  File "<pyshell#66>", line 1, in <module>
    name.extend(89)
TypeError: 'int' object is not iterable
```

那么字符串呢？应该没有问题，使用 Unpacking 的方法，会把它拆解成个别字符加到 List 中。

```
>>> wd = '123'
>>> name = ['Eric', 'Joe', 'Anne']
>>> name.extend(wd)
>>> name
['Eric', 'Joe', 'Anne', '1', '2', '3']
```

将 List 对象中的元素反转。方式 1：执行切片运算 "[:: -1]"；方式 2：调用方法 reverse()。下面通过示例来介绍。

```
>>> name = ['Eric', 'Joe', 'Anne']
>>> name[:: -1]
['Anne', 'Joe', 'Eric']
>>> name.reverse()
>>> name
['Anne', 'Joe', 'Eric']
```

* List 支持 "切片" 运算，可以将元素反转。
* 用 reverse() 方法时，不需要任何的参数。

第 3 个反转元素的方式是调用内置函数 reversed()，不过它是以 "迭代器" 输出的，其语法如下。

```
reversed(seq)
```

* seq：指支持 __reversed__() 方法的序列对象。

不同之处在于，用内置函数 reversed() 将序列的元素反转后，只会得到 "reversed object" 的提示，无法看到反转效果。通过下述示例可以得到佐证，表示它是一个迭代器对象！

```
>>> serial=['1st', '2nd', '3rd']
>>> reversed(name) #反转元素
<reversed object at 0x00000065FE59CC18>
>>> for item in reversed(serial):
        print(item, end = '-')


3rd-2nd-1st-
```

◈ 想要进一步看到反转效果，可以用 for/in 循环读取，但使用上就没有 List 对象提供的 reverse() 方法那么好用。

讨论 Tuple 时，曾介绍过 count() 和 index() 方法。List 对象也有这两个方法，语法如下。

```
count(x)    # ①
```

```
index(x)    # ②
```

◈ ① List 中元素 x 出现的次数。
◈ ② List 中元素 x 第一次出现的索引编号。

方法 count() 和 index() 的使用方法，通过下面的语句来简单介绍。

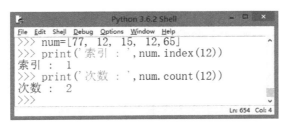

5.4 将数据排序与求和

将数据排序不外乎把数值数据"由小到大递增"或者"由大到小递减"。此外，无论是 List 还是 Tuple，只要是数值数据，都可以用内置函数 sum() 做求和。

5.4.1 list.sort() 方法

List 属于可变的数据，要将数据排序，可使用本身提供的方法 sort()，语法如下。

```
list.sort(key, reverse = None)
```

◈ key：默认值是 None，可指定项目进行排序，此参数可省略。
◈ reverse：默认值是 None 指做升序排序，"reverse = True"则做降序排序。

sort() 方法完全支持 List，无论是数值还是字符串都能排序，加入参数"reverse = True"就可以进行递减排序（数值由大而小，字符串会依第一个字母由 Z 到 A）。下面以一个简单的范例来说明 List 的 sort() 方法。

■ **范例 CH0507.py——以 list.sort() 方法将数据排序**

　Step 01 新建空白文档，输入下列程序代码。

```
01    name = ['Tom', 'Judy', 'Anthea', 'Charles']
02    # 省略参数，依字母进行递增
03    name.sort()
04    print(' 依字母递增排序：')
05    print(name)
06    number = [49, 131, 85, 247]
07    number.sort(reverse = True) # 递减排序
08    print(' 递减排序：', number)
```

Step 02 储存文件，按【F5】键执行。

```
                  Python 3.6.2 Shell
File  Edit  Shell  Debug  Options  Window  Help
Python\PyCode\CH05\CH0507.py ==========
依字母递增排序：
['Anthea', 'Charles', 'Judy', 'Tom']
递减排序：  [247, 131, 85, 49]
                                          Ln: 659  Col: 4
```

程序解说

◆ 第 3 行：如果 sort() 方法没有参数，其默认的是进行升序排列。

◆ 第 7 行：如果 sort() 方法加入参数 "reverse = True" ，会以递减方式进行排序。

新手上路

　　需要进行排序的数据必须是同类型的数据，因为只有同类型的数据才能比较大小。如果 List 存放的是不同类型的数据，是否可以进行排序？下面通过示例来说明，由结果可以看到不同类型的数据无法做排序。

```
>>> score = ['Tom', 75, 68, 81]
>>> score.sort()
Traceback (most recent call last):
  File "<pyshell#97>", line 1, in <module>
    score.sort()
TypeError: '<' not supported between insta
nces of 'int' and 'str'
```

5.4.2 Tuple 元素的排序

　　要将 Tuple 的元素排序，可以使用内置函数 sorted() 来帮忙，语法如下。

```
sorted(iterable[, key][, reverse])
```

- iterable：可迭代的对象，参数不能省略。
- key：默认值是 None，可指定项目进行排序，可选参数。
- reverse：可选参数，默认值是 False 指做升序排序；"reverse = True"则为做降序排序。

其实内置函数 sorted() 与 List 提供的 sort() 方法很相近，下面先以范例来了解 sorted()
函数如何生成排序，再来解释它们的不同点。

■ 范例 CH0508.py——用内置函数 sorted() 做排序

`Step 01` 新建空白文档，输入下列程序代码。

```
01   number = 447, 152, 814, 39, 211   #Tuple
02   print(' 原有内容：', number)
03   # 预设排序 -- 由小而大
04   print(' 由小到大排序：',sorted(number))
05   # 递减排序
06   print(' 由大到小排序：', sorted(number, reverse = True))
07   print(' 原来 Tuple：', number)
```

`Step 02` 储存文件，按【F5】键执行。

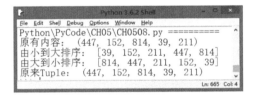

(程序解说)

- 第 4 行：使用 sorted() 函数做升序（由小到大），排序后的 tuple 对象会以 list 对象输出。
- 第 6 行：sorted() 函数，参数 "reverse = True" 会以递减的方式排序（由大而小）。
- 第 2、7 行：tuple 对象，排序前与排序后的位置并未改变，而经过排序的 tuple 对象会以 list 对象输出，这意味着什么？

list.sort() 方法和内置 sorted() 函数都能对数据进行排序，它们有何不同？

- Q1：sorted() 函数能将 Tuple 排序，如果是 List 对象，使用 sorted() 函数排序完全没有问题，下面用一个简单的例子来介绍。

```
>>> friends = ['Tom', 'Ada', 'Eric']
>>> sorted(friends)
['Ada', 'Eric', 'Tom']
```

- Q2：list.sort() 方法能在 Tuple 对象上实施吗？答案有待进一步商榷，通过下述示例，可以获取这个问题的答案。

```
>>> data = ('one', 'two', 'three')
>>> data.list()
Traceback (most recent call last):
  File "<pyshell#101>", line 1, in <module>
    data.list()
AttributeError: 'tuple' object has no attri
bute 'list'
```

　　Tuple 对象使用 sort() 方法会显示 "AttributeError" 的错误信息！其实在 "data" 之后按下 "."（半角）并无相关的方法列于清单上，这也说明 Tuple 对象并不支持 sort() 方法！如果要使用 sort() 方法，就必须把 Tuple 对象用 list() 函数转换成其对象，再来做排序，下面通过示例来介绍。

■ 范例 CH0509.py——使用 sort() 方法对 Tuple 对象排序

　　Step 01 在 Python Shell 模式下，单击 "File" 菜单下的 "New File" 子菜单命令，新建空白文档。

　　Step 02 输入下列程序代码。

```
name = 'Tom', 'Charles', 'Vicky', 'Judy'
print('Tuple 排序前： ')
print(name)
covlt = list(name)    # ①
covlt.sort()          # ②
print(' 以 List 排序： ')
print(covlt)
covtp = tuple(covlt) # ③
print(' 新的 Tuple: ')
print(covtp)
输出：
Tuple 排序前：
('Tom', 'Charles', 'Vicky', 'Judy')
以 List 排序：
['Charles', 'Judy', 'Tom', 'Vicky']
新的 Tuple:
('Charles', 'Judy', 'Tom', 'Vicky')
```

　　◆ ①以 list() 函数将 Tuple 转换为 List 对象。

　　◆ ②调用 list.sort() 方法将已是 List 对象的 Tuple 进行排序。

　　◆ ③排序后，再以 tuple() 函数将 List 对象还原成 Tuple，不过此处的 Tuple 对象 "covtp" 跟原来的 name 无任何关联。

　　那么范例 CH0510.py 中 Tuple 的排序究竟是怎么一回事？它使用复制排序（copied sorting），依照使用者指定的次序排序之后，会输出一个已排序副本，原有对象的次序并未改变。List 提供的 sort() 方法则是采用直接排序（in-place sorting）的方式，依据使用者指定的次序来排序，排序之后 List 元素会失去原有的顺序。把它们归纳如下表所示。

	list.sort()	内置函数 sorted()	说明
List	OK	OK	就地排序，元素失去原有顺序
Tuple	做转换为 List	复制排序	生成排序副本，元素原有次序未变

5.4.3 内置函数 sum()

用内置函数 sum() 来计算总和的语法如下。

```
sum(iterable[, start])
```

+ iterable：表示可迭代的序列数据。
+ start：指定起始元素的索引编号，省略时表示从索引编号 0 开始。

新手上路

sum() 函数求和的对象是可迭代的序列数据，通常是数值。若为字符串，就会发出
"TypeError"的错误提示。

```
>>> wd = ['one', 'two', 'three']
>>> sum(wd)
Traceback (most recent call last):
  File "<pyshell#1>", line 1, in <module>
    sum(wd)
TypeError: unsupported operand type(s) for
+: 'int' and 'str'
```

下述范例以 for/in 循环存储输入的成绩，用 while 循环输出分数，再用 sum() 函数做
求和并计算平均值。

■ **范例 CH0510.py——输入成绩并用 List 来存放，用 sum() 函数求和**

Step 01 新建空白文档，输入下列程序代码。

```
01   score = [] # 建立 List 来存放成绩
02   # for 循环建立输入成绩的 list
03   for item in range(5):
04     data = int(input(' 分数 %2d ' %(item + 1)))
05     score += [data]
06   print('%5s %5s ' % ('index', 'score'))
07   #while 循环读取成绩并输出
08   ind = 0 # 计数器，每读取一个元素自动加一
09   while ind < len(score):
10     print('%3d %4d'% (ind, score[ind]))
```

```
11      ind += 1
12   print('-'*12)
13   # 利用内置函数 sum() 来计算总分
14   print(' 总分 ', sum(score), ', 平均 = ', sum(score)/5)
15   score.sort(reverse = True) # 使用 score() 方法由大到小排序
16   print(' 递减排序: ', score)
17   print(' 递增排序: ', sorted(score)) # 使用内置函数
```

Step 02 储存文件，按【F5】键执行。

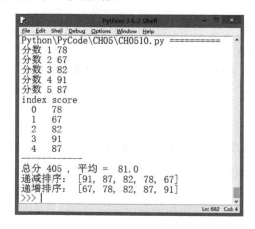

程序解说

♦ 第 3~5 行：第一个 for 循环存放输入的成绩，根据索引放到 score。

♦ 第 9~11 行：第二个 while 循环读取 score 成绩，配合 len() 函数取得的长度，每输出一个元素就把索引 "ind" 自动加 1。

♦ 第 14 行：利用 sum() 函数计算 score 的总分和平均分。

♦ 第 15 行：调用 List 的 sort() 方法将分数进行降序（由大到小）排序。

♦ 第 17 行：使用内置函数 sorted() 将分数进行升序（由小到大）排序。

5.5 当 List 中还有 List

List 中还有 List，这在其他程序语言中直接叫做二维或多维数组。学校的学生越来越多，假设教室的座位可以随意坐，那么，第一排座位坐满学生后，后到的学生就得坐第二排，如果一间教室无法容纳所有学生，那么得有第二间教室才行。数组的演化也是这样，一维数组

类似于一排座位；二维数组就像教室里先有排（行）、再生成座位（列）；多维数组（二维以上）就像多间教室。先置点，串成线，再铺成面。

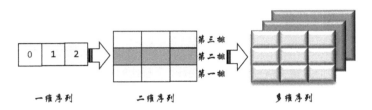

一维序列　　　　二维序列　　　　多维序列

Python 以序列类型来表达二维数组。如果序列中还有序列，可以称为矩阵（Matrixes）也可以称为多维 List 或嵌套 List。读取矩阵数据依然需要 for/in 循环来帮忙，若是不规则矩阵，可以结合 isinstance() 函数来判断它是对象还是变量。

· 5.5.1 生成矩阵

究竟什么是矩阵？简单来讲就是 List 的元素仍是 List 或 Tuple，可参考下述示例。

    number = [[11, 12, 13], [22, 24, 26], [33, 35, 37]]

◆ 表示 number 是一个 3x3 的二维 List。

那么这个 3×3 的二维 List（two-dimensional list）在计算机的内存中是如何分布的？行和列的索引如下所示。

	列索引[0]	列索引[1]	列索引[2]
行索引[0]	11	12	13
行索引[1]	22	24	26
行索引[2]	33	35	37

◆ number[0] 或称第一行索引，存放另一个 List；number[1] 或称第二行索引，也存放了另一个列表，以此类推。

◆ 第一行索引有 3 列，分别存放元素，number[0][0] 指向数值 [11]，number[0][1] 指向数值 "12"，以此类推。

如何表达二维 List 某个元素的位置？可以配合 [] 运算符来确定，其语法如下。

    seq[row_index][column_index]

◆ seq：序列类型。
◆ row_index：行索引。

◆ column_index：列索引

要访问二维 List，可以只指定行，此时访问的是一维 List 对象；也可以同时指定行、列，此时访问的才是元素。

number[2][0] number[1]	输出 33 [22, 24, 26]

如果变更 number 索引编号 [2]，会发生什么？输出时会发现第 3 行的每个元素都已经改变。

number[2] = ['one', 'two', 'three']
输出：[[11, 12, 13], [22, 24, 26], ['one', 'two', 'three']]

如果要修改的对象是 List 某个位置的元素，就需要指出行、列的索引，才能进行修改。例如，想要修改值"22"为"178"，语句如下。

number[1][0] = 178   # 指出行、列索引
输出：[[11, 12, 13], [178, 24, 26], ['one', 'two', 'three']]

5.5.2 读取二维 List

如果要用 for/in 循环读取矩阵，那么首先需要查看矩阵的维度。二维 List 表示要使用双层 for 循环，下面用一个范例来说明。

■ **范例 CH0511.py——双层 for/in 读取二维 List**

Step 01 新建空白文档，输入下列程序代码。

```
01   number = [[421, 125, 13], [72, 184, 63], [313, 52, 238]]
02   for idx, one in enumerate(number): # 第一层 for 循环
03     print(' 第 {} 行 :'.format(idx), end = '')
04
05     for two in one: # 第二层 for 循环
06       print('{:3}'.format(two), end = ' ') # 输出后不换行
07     print()   # 完成第二层 for 循环之后换行
08   else:
09     print(' 读取完毕 !')
```

Step 02 储存文件，按【F5】键执行。

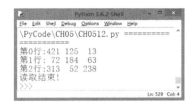

程序解说

- 第 1 行：建立 3 行 ×3 列的 List。

- 第 2~7 行：第一层 for/in 循环先读取每行的 List，此处加入 enumerate() 函数，配合变量 idx 来输出行的索引编号。

- 第 5~6 行：第二层 for/in 循环读取每列的元素，由索引 [0][0] 开始依序读取下一列的元素。

以输入值来设置二维 List 的行、列大小，再由 for/in 循环取得输入值来建立矩阵，然后以简易报表的形式输出。

■ 范例 CH0512.py——建立二维 List

Step 01 新建空白文档，输入下列程序代码。

```
01  array = [] # 建立空白矩阵
02  numRows, numCols = eval(input(
03      '输入行、列数，按逗号隔开：'))
04  element = 0 # 放 List 元素
05  for row in range(numRows):
06      array.append([]) # 新增 list 元素
07      for column in range(numCols):
08          element = eval(input('输入数值，按 Enter 键：'))
09          array[row].append(element)
10      print()# 换行
11
12  sym = '------' * numCols
13  print("%5s'%" , end = '|')
14  for ct in range(numCols):
15      print('{0:^5d}'.format(ct), end = '|')
16  print('\n-----', sym)
17
18  # 读取 List 元素
19  for idx, one in enumerate(array): # 第一层 for 循环
20      print(' 行 ', idx, end = '|')
21      for two in one:  # 第二层 for 循环
22          print(format(two, '>5d'), end = '|')
23      print() # 换行
```

Step 02 存储文件，按【F5】键执行。

程序解说

◆ 第2~3行：eval() 函数取得输入的行、列数，以逗号隔开输入值。

◆ 第5~10行：外层 for/in 循环配合 range() 函数，再以 append() 方法来取得行索引的元素。

◆ 第7~9行：内层 for/in 循环配合 eval() 函数来取得每行的列索引元素，每输入一个数值就按下【Enter】键，表示输入完成。

◆ 第14~15行：将取得的列数，配合 for/in 循环，输出表头的列索引编号。

◆ 第19~23行：将存储于列表变量 array 的元素以双层 for/in 循环输出。

◆ 因为 array 是二维数组，所以要使用双层 for/in 循环，储存或读取 array 的元素；而原本 print() 的参数 end 是换行字符，此处替换为"|"字符，让元素能分别以行、列的二维形式输出。

5.6 认识 List 生成式

Python 程序语言希望它的语法是优雅而简洁的，所谓"生成式"（Comprehension）是希望数据的生成具有规则性，然后可以把它储存到指定的容器中，例如 List、字典或集合等。由于 List 对于元素的存放采取更开放的态度，能支持不同的类型，所以"List 生成式"（List Comprehension，或称列表解析式）能编写更简洁的程序代码。它的语法如下。

[表达式 for item in 可迭代对象]

[表达式 for item in 可迭代对象 if 表达式]

◆ List 生成式使用中括号 [] 存放新的 List 元素。

◆ 使用 for/in 循环读取可迭代对象。

5.6.1 为什么要有生成式？

为什么要有 List 生成式？想要在一个空的 List 放入元素，可以这样做！

```
aList = [] # 空的 List
aList.append(2); aList.append(4)
aList.append(6); . . .
```

用 for/in 循环结合 range() 函数，会更方便。

```
aList = [] # 空的 List
for x in range(2, 10, 2):
        aList.append(x)
```

进而，还可以加入 if 语句做条件运算，for/in 循环的语法会出现下述情况。

```
aList = [] # 空的 List
for item in 可迭代对象 :
  if 条件表达式 :
    aList.append(item)
```

◆ 先建立空的 aList。
◆ 用 for/in 循环读取 List 或可迭代对象。
◆ 加入 if 语句作条件表达式。
◆ 如果符合条件表达式 (True)，则用 append() 方法将 item 加入 List。

5.6.2 善用 List 生成式

使用 List 生成式除了可以提高效率之外，还可以让 for/in 循环读取元素时更加灵活方便。若要找出数值在 10~65 并且可以被 13 整除的数值，可以使用 for/in 循环时，结合 range() 函数，再以 if 语句作条件运算的判断，能够被 13 整除的数值用 append() 方法加入 List 中，下面通过一个示例来说明。

■ **范例 CH0513.py——使用 for/in 循环读取元素**

Step 01 在 Python Shell 模式下，单击 "File" 菜单下的 "New File" 子菜单命令，新建空白文档。

Step 02 输入下列程序代码。

```
num = [] # 空的 List
for item in range(10, 65):
    if(item % 13 == 0):
        num.append(item) # 整除的数放入 List 中
print('10~65 被 13 整除之数: ', num)
输出
10~65 被 13 整除之数: [13, 26, 39, 52]
```

- num 是空的 list 对象。

- 使用 for/in 循环读取 10~65 的数值。

- 使用 if 语句进行判断，只要能被 13 整除，就用 append() 方法加入 num 列表中。

将前述的示例使用 List 生成式让语句更加简洁。

■ 范例 CH0514.py——使用 List 生成式读取元素

Step 01 在 Python Shell 模式下，单击"File"菜单下的"New File"子菜单命令，新建空白文档。

Step 02 输入下列程序代码。

```
num = [] # 空的 List
num = [item for item in range(10, 65)if(item % 13 == 0)]
print('10~65 被 13 整除之数: ', num)
```

- 使用 List 生成式，可以把 for/in 循环和 if 语句简化，并且在 [] 中完成。

- 从上面这个示例中可以发现：原来，不需要 append() 方法就能直接生成符合条件的 List。

使用 List 生成式来生成列表元素是不是方便多了！再看一个示例。

```
serial = [ a ** 2 for a in range(2, 8)]
print(serial)
```

| 输出: [4, 9, 16, 25, 36, 49] |

- 通过 range() 函数生成元素为 2~7 共 6 个值的序列，将序列中每个数值做平方运算后存入 serial 列表。

- 输出的 serial 存放了 6 个元素。

再举一个实例，在 List 生成式中，调用 str.title() 方法，将字符串开头的第一个英文字母变成大写。

```
name = ['eric', 'tom', 'peter']
title = [str.title() for str in name]
print(title)
```

输出：['Eric', 'Tom', 'Peter']

下面的范例是 List 生成式的简单应用，用来计算 List 元素的和并取得字符串的长度。

范例 CH0515.py——应用 List 生成式

Step 01 新建空白文档，输入下列程序代码。

```
01   score = [(85, 75, 46, 91), (49, 76, 87),
02       (76, 93, 67)]
03   avg = [sum(item)/len(item) for item in score]
04   print(' 平均 : {0[0]:.3f}, {0[1]:.3f}, {0[2]:.3f}'
05       .format(avg))
06   print() # 换行
07
08   # 应用二：读取字符串长度
09   fruit = ['lemon', 'apple', 'orange', 'blueberry']
10   print('%9s'%' 字符串 ', '%2s'%' 长度 ')
11   print('*---------------*')
12   print('\n'.join(['%10s:%2d'%(
13       item, len(item)) for item in fruit]))
```

Step 02 储存文件，按【F5】键执行。

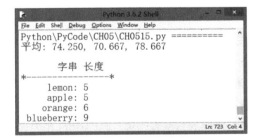

程序解说

◆ 第 1~2 行：List 中储存的元素为 Tuple，共有 3 组，长度不一。

◆ 第 3 行：List 生成式。len() 函数取得每组 Tuple 的长度，先以 sum() 函数计算每一组 Tuple 的总和，再计算平均值，最后以 for/in 循环读取新的列表。

◆ 第 5 行：avg 是 list 对象，用 format() 方法设置字段格式时，配合索引编号，形成"{0[索引编号]:.3f}"，表示输出浮点数时含 3 位小数。

♦ 第 12~13 行：用 join() 方法将原有的 List 和换行字符结合在一起，再通过格式字符 % 让输出的字符串依宽度输出。由于表达式由 item 和 len（item）组成，因此前后必须加上小括号来形成 Tuple，否则会产生错误。

章节回顾

- Python 使用序列类型将多个数据聚合在一起。根据其可变性（mutability），序列（Sequence）数据分成不可变（Immutable）序列和可变（Mutable）序列两种。不可变序列包含字符串、Tuple 和 Byte；可变序列则包含 List 和 ByteArray。

- 序列类型中存放的数据称为元素（element），其特点如下：①为可迭代对象，使用 for/in 循环读取；②使用 [] 运算符结合索引能取得序列中的元素；③支持 in/not in 运算符，可以用它判断某个元素是否属于 / 不属于序列对象；④内置函数 len()、max() 和 min() 能取得序列的长度最大值和最小值；⑤能做切片运算。

- Tuple 对象以括号 () 存放元素；元素具有顺序性但不能任意更改其位置；内置函数 tuple() 可将"可迭代对象"转换成 Tuple 对象。

- 读取 Tuple 元素的方法：①用 for/in 循环配合 range() 函数；② while 循环，除了要用 len() 函数取得其长度，还要加上计数器。

- Unpacking 的作用：①把字符串转换为 Tuple 元素时，变成若干个独立的字符；②可以为多个变量分别赋值；③将两个变量的值快速做交换（swap）操作。

- 为 List 对象新增元素的方法：① append() 方法能把指定的元素加到 List 对象的最后；② extend() 以可迭代对象为对象，等同于执行 "+=" 运算；③ insert() 可以将新元素插入到指定的索引位置。

- 删除 List 元素的方法：① del 语句须结合 [] 运算符指定索引值；②方法 pop() 会返回被删除的元素；③ remove() 方法会直接删除指定项目，不返回被删除元素。

- 反转 List 对象中元素的方法：①执行切片运算 "[:: –1]"；②调用对象方法 list.reverse()；③调用内置函数 reversed()，但看不到执行结果。

- 将序列类型的元素进行排序的方法有两种：list.sort() 和内置函数 sorted()。List 对象可以直接进行排序（in-place sorting），两种方法都可以使用。Tuple 对象要进行复制排序（copied sorting），必须先转换为 List 对象，以 List 对象完成排序后，再转换为 Tuple 对象，此时实际上输出的是一个排序后的副本，原有 Tuple 对象的次序并未改变。

- Python 仍以列表类型来表示多维数组，即列表中还有列表，或称矩阵（Matrixes）、多维 List、嵌套 List。读取矩阵数据仍然需要 for/in 循环来帮忙。若是不规则矩阵，则可以结合 isinstance() 函数来判断它是对象还是变量。

- 所谓"生成式"（Comprehension），是希望数据的生成有规则性，然后可以把它存储到指定的容器中，例如 List、字典或集合。
- List 对于元素的存放采取开放的态度, 能支持各种不同的类型, 所以"List 生成式"（List Comprehension, 或称列表解析式）能加入 if 语句做条件运算或配合 for/in 循环做读取, 从而让程序代码更简洁。

自我评价

一、填空题

1. 根据数据的可变性，序列类型分为_____和_____。

2. 建立 Tuple 对象有两种方法，分别是_____和_____。

3. 下列语句将两个 Tuple 对象相加，输出_____。

```
tp1 = 'Mary', 78, 65
tp2 = 'Eric', 84, 67
print(tp1 + tp2)
```

4. 下列语句中，print() 函数输出_____。

```
score = 78, 65, 93 # Tuple 对象
chin, math, eng = score # Unpacking
print(chin, math, eng)
```

5. 下列语句中，①_____、②_____、③_____、④ print() 函数输出_____。

```
data = 'Eric', 'Judy' # ①
p1, p2= data         # ②
p1, p2 = p2, p1      # ③
print(p1, p2)        # ④
```

6.List 对象以_____存放元素，内置函数_____能转换其类型。

7. 将 List 对象中的元素反转。方式一：执行切片运算_____；方式二：调用方法_____。

8. 删除 List 对象中的元素：①_____须搭配 [] 运算符指定索引值；②_____方法会返回被删除的元素；③_____方法指定元素后直接删除。

二、实践题

1. 编写程序来输出下列 Tuple 元素。

```
Index Element
---------------
  0     Peter
  1      78
  2      65
  3      94
```

2. 下列示例中，产生了什么错误？要如何修改？

```
week = 'Sunday', 'Monday', 'Tuesday', \
    'Wednesday', 'Thursday', \
    'Friday', 'Saturday'
while item < len(week):
    print(item, week[item])
```

3. 参考范例 CH0506.py，输入分数 "65, 87, 92, 47, 73" 并求和。

4. 对下述 Tuple 对象分别使用对象方法 list.sort() 和内置函数 sorted() 进行排序。

```
number = 514, 356, 78, 125, 247
```

5. 矩阵内容如下，编写代码，将元素以图中的格式输出。

```
student = [('Mary', 'Eric', 'John'), \
    [78, 84, 63], [93, 52, 87], [84, 65, 73]]
```

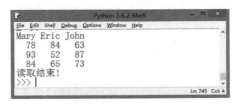

6. 找出数值 1~100 中，能被 6 整除的数值，用 List 生成式来编写。

第 6 章

函数

6.1 认识函数

大家一定使用过闹钟吧！它的功能就是定时呼叫。只要定时功能没有被取消，它会随着时间的循环，重复不断地响铃。若从程序设计的角度来看，闹钟的定时呼叫，就是所谓的"函数"（Function）或"方法"（Method）。两者之间的区别在于，在结构化程序设计中，称之为"函数"；而在面向对象程序设计中，应用在对象内部，称之为"方法"。

根据程序的设计需求，学习 Python 需要掌握以下 3 种函数。

- 系统内置函数（Built-in Function，缩写为 BIF），如获取对象类型的 type() 函数和结合 for/in 循环的 range() 函数等。

- Python 提供的标准函数库（Standard Library）。就像前面章节中使用的计算幂次方的 pow() 方法，首先需要导入 math 模块，pow() 就是 math 函数库提供的一个方法。此外，建立字符串对象，计算字符串长度等功能实际上是使用了 str 类对象的方法。

- 程序设计者利用 def 关键词自定义的函数，这是本章讨论的重点。

无论是哪一种函数，都可以用 type() 函数来查看类型，如将内置函数 sum() 作为 type() 函数的参数，会输出"class'builtin_function_or_method"，这表示它是一个内置函数或方法。如果是某个类别所提供的方法，会输出"class 'method_descriptor'"。而 msg() 是自定义的，则会输出"class 'function'"。

6.1.1 函数如何运行？

在学习自定义函数之前，先来复习一下之前用过的函数。

```
number = 78, 145, 62   # 建立一个 Tuple 对象
sum(number)            # 调用内置函数 sum() 进行求和
```

先来看一下函数的运行。调用 sum() 函数，并将"实参"（Tuple 的元素）进行传递，完成运算后再进行输出。此处我们不会看到 sum() 函数的细节，所以对于初次接触函数的

读者来说，必须要知道，定义函数和调用函数是不同的，具体如下图所示。

- 定义函数：可能是单行或多行语句（Statement），或者是表达式，它必须要有"形参"（Formal parameter）来接收数据。
- 调用函数：从程序的位置调用函数（Invoke function），有时必须通过"实参"（Actual arguments）传输数据。

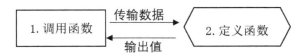

运行程序时，函数的运行分为两大步骤：❶ 调用函数，传递数据，取得结果；❷ 定义函数，接收、处理数据。下图展示了自定义函数 total() 的过程，这个函数可以用来计算某个区间数值的和。

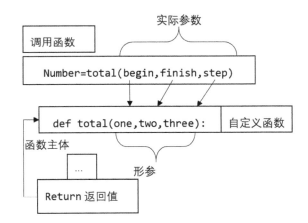

- 定义函数：要以关键词"def"定义 total() 函数及函数主体，它提供函数运行的依据。
- 调用程序：从程序语句中"调用函数"total()。

调用函数后，"实参"（Actual argument）将相关的数据传给已定义好的 total() 函数进行计算，控制权会传递给 total() 函数。如果有"返回值"则传递给 return 语句，输出后赋值给"调用函数"的变量"number"进行保存。此时程序代码的控制权便由定义函数 total() 回到"调用函数"身上，继续运行下一个语句。

6.1.2 定义函数

首先，来学习定义函数的语法。

```
def 函数名称 ( 参数列表 ):
    函数主体 _suite
    [return 值 ]
```

◆ def 是关键词，用来定义函数，是函数程序子块的开头，所以末尾要有冒号 ":" 来作为 suite 的开始。

◆ 函数名称：遵守标识符名称的命名规则。

◆ 参数列表：或称 "形参列表"（format argument list），用来接收数据，其名称也要遵守标识符名称命名规则，可具有多个参数，也可以省略参数。

◆ 函数主体必须缩进，可以是单行语句或多行语句。

◆ return：用来返回运算后的数据。如果无需返回数据，return 语句可以省略。

下面通过几个简单的例子，来了解自定义函数。

```
def msg():
    print('Hello Python!!')
```

◆ 自定义函数 msg()，没有参数列表，只以 print() 函数输出字符串。

◆ 程序中只要调用此函数，就会输出 "Hello World!" 字符串。

我们通过 Python Shell 互动模式，来看一下自定义函数的过程。

```
>>> def msg():
        print('Hello Python!!')

>>> msg()
Hello Python!!
```

定义函数，输入两个数值，比较其大小。

■ 范例 CH0601.py——定义比较两个数值大小的函数

Step 01 在 Python Shell 模式下，单击 "File" 菜单下的 "New File" 子菜单命令，新建空白文档。

Step 02 输入下列程序代码。

```
def funcMax ( n1, n2 ):
    if n1 > n2:
        result = n1
    else:
        result = n2
    return result
```

◆ 自定义函数有两个形参（formal parameter），分别是 n1 和 n2，用来接收数据。

◆ 函数主体以 if/else 语句判断 n1、n2 两个数值，如果 n1 大于 n2，表示最大值是 n1；如果不是，就表示 n2 是最大值。最后将最大值传递给变量 result 保存，再以 return 语句返回。

· 6.1.3 调用函数

接下来介绍如何调用定义好的函数。其方法与内置函数或者对象方法一样，通过程序的语句即可直接调用。如果函数有参数就必须代入参数值，在函数执行完毕后，输出函数的返回值。

■ 范例 CH0602.py——函数调用的方法

Step 01 在 Python Shell 模式下，单击"File"菜单下的"New File"子菜单命令，新建空白文档。

Step 02 输入下列程序代码。

```
num1, num2 = eval ( input ( '输入两个数值: ' ) )
print ( '较大值', funcMax ( num1, num2 ) )
```

- 调用 funcMax() 函数并输入两个参数，它们由 input() 函数取得。
- 完成数值的大小比较之后，由 return 语句返回结果。
- 形参和实参必须对应。定义函数有两个形参，调用函数也要有两个实参进行对应，否则会出现错误提示。
- Python 程序语言里先以 def 关键词来定义函数，再编写其他语句和调用函数的语句，其程序结构可参考简易的自定义函数 msg()。

· 6.1.4 返回值

函数经过运算后若有返回值，可以通过 return 语句来返回，它的语法如下。

return < 表达式 >
return value

下面通过一个例子，来了解 return 语句的用法。

# 定义函数 	
def funcTest(a, b):
  return a**b + a//b   # 返回运算结果
# 调用函数 	
funcTest(14, 8)
	返回
	
	1475789057

自定义函数中的返回值可能是单一值，也可能是多个值，我们通过下述范例，来看一下返回值。

- 自定义函数没有参数，函数主体也无表达式，用 print() 函数输出信息即可。

范例 CH0603.py——没有参数的函数定义及调用

Step 01 在 Python Shell 模式下，单击"File"菜单下的"New File"子菜单命令，新建空白文档。

Step 02 输入下列程序代码。

```
# step 1. 定义函数
def message():
    zen = '''
    Beautiful is better than ugly.
    Explicit is better than implicit.
    '''
    print(zen)
message()   # step 2. 调用函数
```

◆ 自定义函数 message() 没有参数，函数主体只以 print() 函数输出其信息，所以直接调用函数名称就能显示信息。

● 当自定义函数有参数，并且函数主体有运算时，就以 return 语句返回运算后的结果，参考范例 CH0603.py。

● 如果返回值有多个，return 语句可以结合 Tuple 对象来表达，参考范例 CH0604. py。

● 函数经过运算会有返回值，可以结合 print() 函数输出，参考范例 CH0605.py。

范例 CH0604.py——自定义函数，return 语句返回值

Step 01 新建空白文档，输入下列程序代码。

```
01  def total(start, finish, step):
02      outcome = 0 # 保存计算结果
03      for item in range(num1, num2+1, num3):
04          outcome += item # 保存相加结果
05      return outcome
06  print(' 计算数值总和 ')
07  num1 = int(input(' 输入起始值 :'))
08  num2 = int(input(' 输入终止值 :'))
09  num3 = int(input(' 输入间距值 :'))
10  #2. 调用自定义函数 total
11  result = total(num1, num2, num3)
12  # 单一变量，调用内置函数 format() 做格式化输出
13  print(' 总和 = ', format(result, ','))
```

Step 02 保存文件，按【F5】键运行。

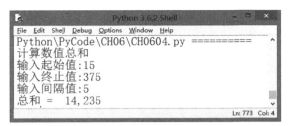

程序解说

- 第 1~5 行：定义函数 total()，它有 3 个形参，被调用时可接收数字。

- 第 3~4 行：for/in 循环配合内置函数 range()，将第 2 个参数加 1，这是因为 range() 函数生成的序列不包括右边界。

- 第 5 行：return 语句返回变量相加的结果 outcome。

- 第 7~9 行：取得 3 个输入值来作为变量 num1、num2、num3 的初值。

- 第 11 行：调用函数 total()，3 个实参将接收的数字传递给 total() 函数，将运算的结果再传递给变量 result 保存。

- 范例中 total() 函数以 return 语句来返回计算结果，调用函数时可通过变量赋值来保存返回值，或者直接通过 print() 函数输出。

范例 CH0605.py——自定义函数，return 语句以 Tuple 返回多个值

Step 01 新建空白文档，输入下列程序代码。

```
01   # step1 自定义函数
02   def funcMulti(a, b):
03       return a+b, a*b, a/b
04
05   # 调用函数
06   one, two = eval(input(' 输入两个数值做运算 :'))
07   result = funcMulti(one, two)
08   print(' 运算结果 :')
09   # 针对每一个 Tuple 元素做格式化
10   print(' 加 = {0[0]:5d} \n 乘 = {0[1]:,d}\
11       \n 除 = {0[2]:.4f}'.format(result))
```

Step 02 保存文件，按【F5】键运行。

```
Python 3.6.2 Shell                                    –  □  ×
File  Edit  Shell  Debug  Options  Window  Help
Python\PyCode\CH06\CH0605.py ==========
输入两个数值做运算:145, 14
运算结果:
加 =    159
乘 = 2,030
除 = 10.3571
>>> |
                                              Ln: 780  Col: 4
```

程序解说

◆ 第 2~3 行：自定义函数 funcMulti() 有两个形参，return 语句接收这两个形参之后进行相加、相乘和相除，最终以 Tuple 保存其结果并返回。

◆ 第 10~11 行：函数 funcMulti() 运算结果，配合 format() 方法，将每个元素以不同的格式输出；"{0[0]:5d}"表示 result 变量第一个 Tuple 元素 [0] 设行距为 5 输出数值，"{0[2]:.4f}"表示第 3 个 Tuple 元素 [2] 输出 4 位小数。

提示　函数返回值的方法，总结归纳如下。

- 返回单一的值或对象。
- 多个值或对象可保存于 Tuple 对象。
- 未使用 return 语句时，会默认返回 None。

■ 范例 CH0606.py——函数的运算结果用 print() 函数输出

Step 01　新建空白文档，输入下列程序代码。

```
01  # 定义函数一 main()
02  def main():
03      number = int ( input ( ' 输入数值: ' ) )
04      result = funCube ( number )
05  # 自定义函数二 funCube
06  def funCube(num):
07      print(' 立方值: ')
08      for item in range(1, num + 1):
09          result = item ** 3
10          print(format(result, ','), end = ' ')
11  # 调用主程序
12  main()
```

Step 02　保存文件，按【F5】键运行。

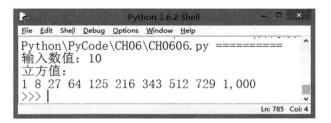

程序解说

◆ 自定义函数 main() 在运行时，又会调用自定义函数 funCube()，然后在 funCube() 函数中输出运算结果。所以程序会由第 12 行跳到第 2 行，运行到第 4 行时会再跳至第 6 行。

◆ 第 2~4 行：定义第一个函数 main()，取得输入值并调用第二个函数 funCube()，用输入值进行自变量传递。

◆ 第 6~10 行：定义第二个函数 funCube()，接收一个参数，用来计算出此参数范围内整数的立方值，用到了 for/in 循环和 range() 函数。

提示 自定义函数 main()

- Python 不像 C/C++、C#、Java 一样以 main() 主程序为进入点。
- 这是一个简单的以函数调用函数的方法，由 main() 函数调用 funCube() 函数。

新手上路

调用函数所传递的自变量是 3 个，定义函数所接收的参数也必须是 3 个，否则会出现错误提示。

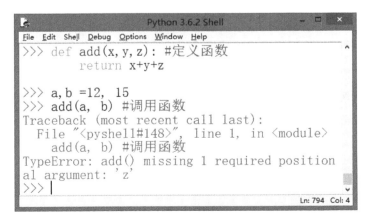

6.2 参数基本机制

使用函数时，参数可进行不同的传递和接收。学习之前，先了解两个名词。

● 实际参数（Actual argument）：在程序中调用函数时，传递给函数的参数，简称"实参"。

● 形式参数（formal parameter）：程序中定义函数名和函数体的时候使用的参数，简称形参。

提示 位置参数和自变量

> ● 如果定义的函数有两个参数，那么，调用的函数就要有两个自变量，少一个或多一个都会出现错误提示。

由于参数和自变量在函数中所扮演的角色不同，所以定义函数、调用函数时，形参、实参除了以位置参数为主之外，还需要注意以下事项。

● 默认参数值（Default Parameter values）：为自定义函数的形参设置默认值，当实参未传递时，以"默认参数＝值"进行接收。

● 关键词自变量（Keyword Argument）：调用函数时，实参直接以形参为名称，配合设定值进行数据的传递。

● 使用＊（star）表达式／运算符。配合形式参数，"＊"星号表达式由 Tuple 组成，收集实参。通过实参，"＊"运算符可拆解可迭代对象，让形参接收。

· 6.2.1 传递自变量

接下来，先来了解调用函数时，实参如何将数据传递给形参。以"位置"为主就是"我丢"（调用函数，传递实参）"你捡"（定义函数，接收实参）的过程，它有顺序性，而且是一一对应。其他的程序语言会以下面两种方式来传递自变量。

● 传值（Call by value）：若实参为数值数据，则会先把参数复制一份再传递，所以原来的实参不会被影响。

● 传址（Pass-by-reference）：传递的是实参的内存地址，会影响原有的自变量内容。

Python 在进行自变量传递时，上述两种方法可以说适用，也可以说不适用。因为

Python 依据的原则如下。

- 不可变（Immutable）对象（如数值、字符串）：使用变量时会先复制一份再进行传递。
- 可变（Mutable）对象（如列表）：使用变量时会直接以内存地址进行传递。

我们通过下述范例，来查看可变和不可变对象的传递的不同之处。

■ 范例 CH0607.py——可变和不可变对象的参数传递

Step 01 新建空白文档，输入下列程序代码。

```
01  # 定义函数
02  def funcTest(name, score):
03      print(' 函数的定义 ...')
04      #name = 'Judy'      # 情形一
05      #score.append(83)   # 情形二
06      print(name, 'id =', id(name))
07      print(score, 'id =', id(score))
08  # 调用函数
09  one = 'Mary'; two = [75, 68]
10  funcTest(one, two)
11  print() # 换行
12  print(' 函数调用 ...')
13  print(one, ' 分数：', two)
14  #name 不可变对象 , score 为可变对象
15  print('one', 'id =', id(one))
16  print('two', 'id =', id(two))
```

Step 02 保存文件，按【F5】键运行。

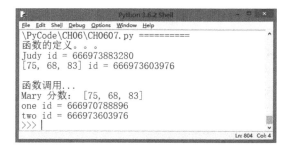

```
Python 3.6.2 Shell
File  Edit  Shell  Debug  Options  Window  Help
\PyCode\CH06\CH0607.py ==========
函数的定义。。。
Judy id = 666973883280
[75, 68, 83]  id = 666973603976

函数调用...
Mary  分数：  [75, 68, 83]
one id = 666970788896
two id = 666973603976
>>> |
                                        Ln: 804  Col: 4
```

程序解说

- 第 2~7 行：自定义函数 funcTest()，接收两个参数，并以 id() 函数来显示它们的内存配置。
- 第 4、5 行：改变参数 name 和 score 的值。
- 第 9、10 行：调用函数，设实参初值并传递。

◆ 正常情况下，实参 one 会将值复制一份给形参 name，而实参 two 会把内存地址传递给形参 score。

	实参－调用函数	采取动作	参数－定义函数
不可变	one	复制一份值	name
可变	two	传递内存地址	score

◆ 情形一：改变函数内部参数 name 的值，但函数外部依然输出"Mary 分数： [75, 68]"，这是因为 one 和 name 的地址不同，实参 one 不受影响。

	实参	改变 name 参数值
不可变	one	重配 name 内存地址（程序代码第 4 行）
可变	two	

◆ 情形二：改变函数内部参数 name、score 的值，输出"Mary 分数： [75, 68, 83]"，这是因为实参 two 和参数 score 共享相同的内存地址，当函数内部的 score 改变时，会影响函数的显示结果。

	实参	改变 name、score 参数值
不可变	one	重新分配 name 内存地址（程序代码第 4 行）
可变	two	two 和 score 共享相同地址，影响输出

6.2.2 默认参数值

位置参数有顺序性，在前面的章节中已经介绍过了，此处不再赘述。默认参数值（Default Parameter values）是指在自定义函数时，事先为形参准备好默认值，在"调用函数"没有为某个参数传递数据时，这个形参直接使用其默认值，使用的语法如下。

```
def 函数名数（参数 1, 默认参数 2 = value2, ..., ）:
    函数主体 _suite
```

◆ 形参的第一个必须是位置参数。

◆ 形参的第二个才是默认参数，并需要同时设定其默认值。

下面先用一个示例来了解默认参数值的用法。

```
# 定义函数，含有默认参数值
def funcTest(a, b = 12 , c = 25):
    return a ** b // c
# 调用函数，只传入一个自变量，表示其他采用默认值
funcTest(5)
funcTest(12, 4, 8)
```

◆ 调用函数 funcTest 只传入一个实参 5，表示其他实参会以默认参数的默认值来进行运算。

◆ 调用函数时传入 3 个实参，表示会以这 3 个实参进行传递并运算，那么默认参数的

值就会被替换。

使用"默认参数值"可以使实参传递时更加灵活，但需要遵守以下规则。

- 位置参数一定要放在默认参数值之前，否则会出现下图所示的语法错误。

```
>>> def funcTax(rate = 0.15, cost):
        outcome = cost + cost*rate

SyntaxError: non-default argument foll
ows default argument
```

- 如果形参的默认参数值为不可变对象，只能执行一次运算。如果是字符串或表达式，则都会被实参所传递的对象所取代。

```
# 定义函数
def funcPern(name, high = 170):
    print('Hi!', name, 'You height is', high)
# 调用函数
funcPern('Peter')        # ①实参只有一个，
funcPern('Mary', 165)    # ②第 2 个也会取代原有的默认参数
```

```
输出
① Hi! Peter You height is 170
② Hi! Mary You height is 165
```

- 如果形参是可变对象，则可能会出现意想不到的运行结果。如 list 对象，在多次调用时，它会累积参数作为 list 的元素，下面通过一个示例来介绍。

```
# 定义函数
def funcAdd(item, score = []):
    score.append(item)
    print(score, end = '')
# 调用函数
funcAdd(78)    # 输出 [78]
funcAdd(95)    # 累积 [78, 95]
funcAdd(67)    # 形成 [78, 95, 67]
```

- 第一次调用 funcAdd() 函数时，实参传递了 78。
- 第二次调用函数时，实参传递了值 95，可以发现前一次调用的值被保留，而进行第三次调用时，List 的元素已累积了 3 个。

由于参数 score 建立时是空的 List，它随着函数的调用会累积元素。如果希望设置的 List 每一次执行时都由空的 List 开始，就必须对程序做一些改动。

首先来认识 None 这个关键词，其特点如下。

- 使用布尔值判断，会输出 False。
- 用来保留对象的位置，可以使用 is 运算符进行判断，所以它是非"空"（Empty）的对象。

我们通过下述示例来了解 None 和 is 的用法。

word = None # 表示 word 没有任何的 " 值 "
if word is None:
   print('Yes')
else:
   print('No')
	输出
	Yes

◆ 由于变量 word 并未保存任何值，在用 if/else 语句进行判断时，会输出 "Yes"。

下述范例介绍将 List 设为 None 并加上 "is" 运算符进行判断。

■ 范例 CH0608.py——None 值和可变对象

Step 01 新建空白文档，输入下列程序代码。

```
01   # 定义函数一
02   def getFruit(item, name = None):
03       # 用 is 运算符判别 name 是否为 None
04       if name is None:
05           name = [] # 空的 List
06       #append() 方法新增 list 元素
07       name.append(item)
08       print(' 水果： ', name)
09   # 定义函数二
10   def main():
11       key = input('y 继续 .., n 结束循环 ..:')
12       while key == 'y':
13           wd = input(' 输入水果名称： ')
14           getFruit(wd) # 调用 getFruit() 函数
15           key = input('y 继续 .., n 结束循环 ..:')
16   # 调用 main() 函数
17   main()
```

Step 02 保存文件，按【F5】键运行。

程序解说

◆ 函数由 main() 开始，调用 getFruit() 函数，并输出结果。

◆ 自定义函数 getFruit() 的第 2 个形参为空的 List。if 语句配合 is 运算符判断 name 是否为 None。当函数被调用而新增元素时，name 会被重置为空 List。所以在第一次运行时，只输入 1 个名称；在第二次运行时，输入 3 种水果名，name 会以空的 List 来填入元素，原来的元素会被删除。

◆ 第 2~8 行：自定义第一个函数 getFruit()，有两个参数 item 和 "name = []"（空的 List）。item 参数接收输入的数据，再以 append() 方法加入 List 对象。

◆ 第 4~5 行：if 语句配合 is 运算符判断 name 是否为 None，此处的 None 用来保留 List 的默认位置。

◆ 第 12~15 行：利用 while 循环来判断是否输入数据，如果是 "y"，就输入水果名称，否则结束输入。调用函数 "getFruit()" 会将输入的水果名称进行传递。

6.2.3 关键词参数

如果不想按顺序以一一对应的方式传递参数，就需要使用关键词参数（Keyword Argument），它会直接以定义函数的形参为名称，而不需要根据位置来传递值，语法如下。

```
functionName(kwarg1 = value1, ...)
```

◆ 调用函数时，直接以函数所定义的参数为参数名，并设定其值进行传递。

调用函数时，关键词参数可随意指定，但必须指出形参的名称，示例中定义了函数 funTest()，它有两个形参 num1、num2。调用函数时，关键词参数可随意指定并赋值，funTest() 同样能够顺利输出计算后的结果。

# 定义函数 	
def funTest(num1, num2):
    return num1**2 + num2//5
# 调用函数 	
funTest(num2 = 137, num1 = 13)
	输出
	196

新手上路

使用关键词参数时，需要注意以下事项。

● 关键词参数的名称必须和形参相同，否则会出现 "TypeError" 的错误提示。

```
>>> def funTest(num1, num2):
        return num1**2 + num2//5

>>> funTest(x=155, y=27)
Traceback (most recent call last):
  File "<pyshell#17>", line 1, in <module>
    funTest(x=155, y=27)
TypeError: funTest() got an unexpected key
word argument 'x'
```

● 调用函数时，第一个实参若是位置参数，传递时需要注意其顺序性，否则会出现错误的提示。

```
>>> def funTest(num1, num2):
        return num1**2 + num2//5

>>> funTest(155, num1=27)
Traceback (most recent call last):
  File "<pyshell#20>", line 1, in <module>
    funTest(155, num1=27)
TypeError: funTest() got multiple values f
or argument 'num1'
```

● 调用函数时，第一个参数采用"关键词参数"，第二个参数是位置参数，它依然显示语法错误的信息。

```
>>> funTest(num1=27, 155)
SyntaxError: positional argument follows
keyword argument
>>> funTest(27, 155)
760
>>> funTest(27, num2 = 157)
760
```

● 调用函数时，可以直接将参数赋值，或者第一个实参是位置参数，第二个实参为"关键词参数"，最终都可以输出运算结果。

● 定义函数时，若有多个形参，可以在调用函数时，直接以形参的名称分配其值，省略了位置参数一一对应的顺序，让调用函数更加灵活，我们通过下述示例来了解。

``
# 定义函数 	
def student(name, sex, heigh, city):
    print('Name:', name)
    print('Sex:', sex)
    print('Height:', heigh)
    print('City:', city)
# 调用函数 	
student(city='Kaohsiung',
    name='Peter', sex='Male',heigh=173)
``
	输出
	Name: Peter
	Sex: Male
	Height: 173
	Ciyt: Kaohsiung

■ 范例 CH0609.py——以关键词参数计算阶乘

Step 01 新建空白文档，输入下列程序代码。

```
01   # 定义函数一
02   def main():
03       # 调用函数 factorial()
04       outcome = factorial(
05           port = [5, 11, 17, 23], begin = 1)
06       print(' 数值 5, 11, 17, 23 相乘结果 :',
07           '{:,}'.format(outcome))
08   # 定义函数二
```

```
09   def factorial(port, begin):
10     result = begin # 乘法计算的开始值
11     for item in port:
12       result *= item # 读进数值并相乘
13     return result
14   # 调用函数 main()
15   main()
```

Step 02 保存文件，按【F5】键运行。

(程序解说)

◆ 第 2~7 行：定义第一个函数 main()，它调用第二个函数 factorial()，并以变量 outcome 保存 factorial() 函数运算的结果。

◆ 第 4~5 行：以"关键词参数"指定第 1 个参数为 List，第 2 个参数设定乘法计算起始值为 1。

◆ 第 9~13 行：定义第二个函数 factorial()，根据传入数值计算连续乘法，再以 return 语句返回结果。第一个形参是可迭代对象，第二个形参设定乘法计算的起始值。

◆ 第 11~12 行：用 for/in 循环依次读取可迭代对象并相乘，变量 result 保存结果。

6.3 巧妙设定参数

定义函数的形参和调用函数的实参，根据参数位置一一对应。但可以在其前面加上前缀 * 和 ** 字符，让形参和实参的应用更具灵活性。

● 定义函数用"*"星号和 Tuple 组合，收集多余的实参。

● 调用函数时，针对实参，"*"运算符可拆解可迭代对象。

6.3.1 形参的 * 星号表达式

"*"运算符在前面章节都用作乘法运算，但是它在自定义函数的形参中，扮演表达式的角色，可以利用它来收集位置参数，语法如下。

```
def 函数名数 ( 参数 1, 参数 2, ..., 参数 N, *tp):
    函数主体 _suite
```

◆ *tp：* 星号表达式要配合 tuple 对象来收集额外的实参。

例一："* 星号表达式"（start expression）通常可拆解一个可迭代对象，取出若干元素。下面先来了解它的作用。

■ **范例 CH0610.py——* 表达式的使用一**

Step 01 在 Python Shell 模式下，单击 "File" 菜单下的 "New File" 子菜单命令，新建空白文档。

Step 02 输入下列程序代码。

```
# * 表达式 Unpacking
pern = ('Vicky', 'Female', 65, 75, 93)#Tuple
# Tuple 做 Unpacking
name, sex, *score = pern
# 输出相关的 name & score
print(name)
print(score)
```

◆ 利用 Tuple 的 Unpacking 运算，所以 name 的值指向 "Vicky"，sex 的值指向 "Female"。
◆ *score 就是 "星号表达式"，它会接收 pern 中的其他元素，如下图所示。

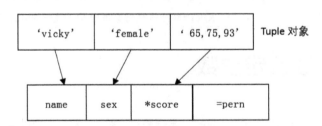

例二：对 "* 星号表达式" 基本用法有了概念后，再把它用于函数，搭配 Tuple 来收集多余的实参，方法如下。

■ **范例 CH0611.py——* 表达式的使用二**

Step 01 在 Python Shell 模式下，单击 "File" 菜单下的 "New File" 子菜单命令，新建空白文档。

Step 02 输入下列程序代码。

```
# 定义函数
def funTest(*number):
    outcome = 1
    for item in number:
        outcome *= item
    return outcome
# 调用函数
print('1 个实参 :', funTest(7))
print('2 个实参 ', funTest(12, 3))
print('4 个实参 :', funTest(3, 5, 9, 14))
```

◆ 自定义函数 funTest()，只有一个形参 number，使用星号表达式，调用此函数所传递的参数都会放入 number 中，用 Tuple 输出元素。

◆ 调用函数时，实参无论是传递 1 个还是 3 个，形参 number 执行 star expression 后，完全接收位置参数。

◆ 用 for/in 循环读取接收的位置参数，以变量 outcome 保存乘积，由 return 语句返回结果，其运行如下图所示。

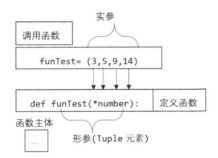

例三：Python 3x 系列的版本，还可以在 "*tuple" 对象之后加入关键词参数，所以调用函数时，可直接将关键词参数赋值之后再传递。

# 定义函数 	
def funTest(a, b, *d, sb):
    print(a, b, sb)
    print(*d)
# 调用函数 	
funTest('Eric', ' 科目 ', 82, 65, 91,
    sb = ' 必修 ')
	输出
	Eric 科目 必修
	82 65 91

◆ 但要记得实参不能以位置参数传递数据，否则会出现错误提示。

例四：定义函数后，配合调用函数所用的关键词参数，接收特定数据；此时星号（＊）表达式可放在关键词参数的前面。

```
# 定义函数
def funcPay(name, *, salary):
    print(name, '月薪 =', salary)
# 调用函数
funcPay('林小明', salary = 28000)
```

输出
林小明 月薪 = 28000

- 函数 funcPay() 设 3 个形参: 第 2 个参数只有 * 字符, 表示它未署名, 所以也不会收集多余的实参, 第 3 个则用来接收关键词参数。

- 调用函数时要有两个实参, 第 2 个必须是指定其值的关键词参数。

新手上路

使用星号表达式, 如果位置参数不足, 会出现错误提示。

```
>>> def funTest(a, b, c, *d):
        print(a, b, c, *d)

>>> funTest(21, 35)
Traceback (most recent call last):
  File "<pyshell#48>", line 1, in <module>
    funTest(21, 35)
TypeError: funTest() missing 1 required po
sitional argument: 'c'
```

- 函数 funTest() 有 3 个位置参数, 再加一个以 d 字符为主的星号表达式。调用函数时, 实参只用两个位置参数传递必然会出现错误。

■ 范例 CH0612.py——* 运算符接收多余的参数

Step 01 新建空白文档, 输入下列程序代码。

```
01   # 自定义函数
02   def student(name, *score, subject = 4):
03       if subject >= 1:
04           print(name, '有', subject, '科')
05           print('分数: ', *score)
06       total = sum(score) # 合计分数
07       print('总分: ', total,
08           '平均: ', '%.4f'%(total/subject))
09   # 调用函数
10   student('Peter', 65, 93, 82, 47)
11   student('Judy', 85, 69, 79, subject = 3)
```

Step 02 保存文件, 按【F5】键运行。

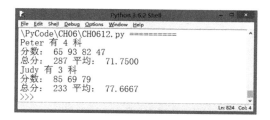

程序解说

- 第 2~8 行：定义函数 student() 含 3 个形参。第 1 个是位置参数，第 2 个是星号表达式，第 3 个是默认参数。
- 第 10 行：调用函数 student()，实参中第 1 个位置参数传入名字，位置参数第 2~5 个会被 *score 参数收集，成为 Tuple 元素。
- 第 11 行：调用函数 student()，实参中 1 个位置参数，3 个会被 *score 参数收集，第 3 个采用"关键词参数"来取代函数中的第 3 个默认参数值。

6.3.2 * 运算符拆解可迭代对象

定义函数的形参时，使用了星号（*）表达式。调用函数时，实参传递数据，同样可以使用 * 运算符来拆解"可迭代对象"，而形参会以位置参数来接收这些可迭代对象的元素。下面通过一个例子来了解。

```
# 定义函数
def funcData(n1, n2, n3, n4, n5):
    print(' 基本数据 :',n1, n2, n3, n4, n5)
# 调用函数，使用 * 运算符拆解可迭代对象
data = [1988, 3, 18] #List，可迭代对象
funcData('Mary', 'Birth', *data)
```

输出
基本数据 :Mary Birth 1988 3 18

- 函数 funcData() 的形参有 5 个，都是位置参数。
- 调用函数时，字符串 Mary 和 Birth 是位置参数，data 为 List（可迭代对象），将其内部元素"1988, 3, 18"使用 * 运算符解开后，共有 5 个实参进行传递，如下图所示。

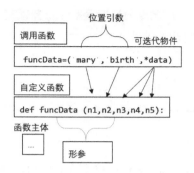

函数里，另一种可行的方式是把可迭代对象放在位置参数前面。

```
# 定义函数
def funcTest(a, b, c, d, e):
    return a + b + c + d + e
# 调用函数
funcTest(*range(22, 25), 26, 35)
```

◆ 表示函数 funcTest() 会把"22, 23, 24, 26, 35"相加后返回"130"。

■ 范例 CH0613.py——* 运算符做拆解

　Step 01　新建空白文档，输入下列程序代码。

```
01   # 定义函数
02   def person(name, salary, s2, s3):
03       print(name)
04       # format() 函数分设行距为 10, 6 并加千位符号
05       print ('扣除额: ', format ((s2 + s3), '10,'))
06       salary = salary - s2 - s3
07       print ('实领金额 NT$', format (salary, '6,'))
08   income = [28800, 605, 405]
09   # 调用函数 -- number 列表对象, 可迭代
10   person ('Toams', *income)
```

　Step 02　保存文件，按【F5】键运行。

（程序解说）

◆ 第 2~7 行：函数有 4 个形参，完成计算后以 print() 函数输出，其中的 format() 函数针

对单一值，设行距和千位符号。

◆ 第 10 行：调用函数，传入可迭代对象 income（本身是 List 对象），以 * 运算符拆解后再传递给函数。

6.4 Lambda 函数

lambda 函数，又称 lambda 表达式，它没有函数名称，只用一行语句来表达其语句，语法如下。

lambda 参数列表 , … : 表达式

◆ 参数列表使用逗号隔开，表达式之前的冒号"："不能省略。
◆ lambda 函数只会有一行语句。
◆ 表达式不能使用 return 语句。

下面通过一个示例来了解普通函数与 lambda 函数的不同之处。

```
def expr(x, y): # 自定义函数
    return x**y
```

```
expr = lambda x, y : x ** y  #lambda 函数
```

◆ 在普通函数中，函数的名称为 expr，可作为调用 lambda 函数的变量名称。所以普通函数有名称，lambda 函数无名称，须借助设定的变量名称。
◆ 函数有两个形参：x 和 y，为 lambda 的参数。
◆ 表达式"x ** y"在 expr() 函数中以 return 语句返回；lambda 的运算结果由变量 expr 保存。所以定义函数时，函数主体有多行语句，可以是语句，也可以是表达式；lambda 函数只能在一行语句中定义。

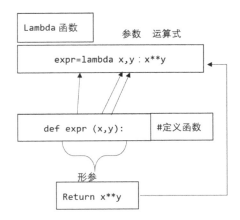

下面通过 Python Shell 互动模式来了解 lambda 函数的运行。

◆ lambda 函数须指定变量 expr2 来保存运算结果，再以变量 expr2 来调用 lambda 函数，根据其定义传入参数。

在使用 lambda 函数过程中要注意以下事项。

● lambda 函数若没有指定变量，则表示没有对象参照，那么会显示 "function <lambda> ..." 而被系统作为垃圾回收。

● lambda 函数如果加入 return 语句，会显示 "SyntaxError" 错误。

● 使用 type() 函数查看保存 lambda 函数运算结果的变量，会发现它是一个 "function" 类型。

下述范例是配合 lamdba 函数来设定 sort() 方法，其中的 key 参数是一个 lambda 表达式，如果数据有两个以上的字段，可使用 lambda 函数来指定排序的字段。

■ 范例 CH0614.py——lambda 函数

Step 01 新建空白文档，输入下列程序代码。

```
01   student = [('Eugene', 1989, 'Taipei'),
02          ('Davie', 1993, 'Kaohsiung'),
03          ('Michelle', 1999, 'Yilan'),
04          ('Peter', 1988, 'Hsinchu'),
05          ('Connie', 1997, 'Pingtung')]
06   # 定义 sort() 方法参数 key
07   na = lambda item: item[0]
```

```
08   student.sort(key = na)
09   print(' 依名字排序：')
10   for name in student:
11       print('{:6s},{}, {:10s}'.format(*name))
12   # 直接在 sort() 方法带入 lambda 函数
13   student.sort(key = lambda item: item[2],
14       reverse = True)
15   print(' 依出生地递减排序：')
16   for name in student:
17       print('{:6s},{}, {:10s}'.format(*name))
```

Step 02 保存文件，按【F5】键运行。

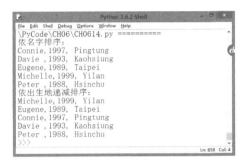

程序解说

◆ 第 1~5 行：建立一个 List 对象，以 Tuple 为元素，每个元素有 3 个字段：第 1 个字段（索引值 [0]）为名字，第 2 个字段是出生年份，第 3 个字段则是出生地。

◆ 第 7~8 行：使用 lambda 函数，字段用 item 变量来表达，指定第 1 个字段 "item[0]"（索引编号 [0] 表示）为排序依据，也就是以名字的第一个字母为依据。

◆ 第 13~14 行：将 lambda 函数内嵌于 sort() 方法，作为 key 的参数。以第 3 个字段（出生地）为排序依据。

6.5 变量的适用范围

无论是变量还是函数，在 Python 中都有适用范围（Scope）。变量根据其适用范围可分为以下 3 种。

● 全局（Global）范围：适用于整个文档（*.py）。

● 局部（Local）范围：适用于所声明的函数或流程控制的程序子块内，离开此范围就会结束其生命周期。

● 内建（Built-in）范围：由内置函数（BIF）通过 builtins 模块来建立所使用的范围，在该模块中使用的变量，会自动被所有的模块拥有，它可以在不同的文档中使用。

· 6.5.1 局部变量

所谓的局部变量，指的是函数中所使用的变量，下述示例是我们常看到的。

``# 定义函数
def total():
    result = 0
    for item in range(11):
        square = item * 1
        result += square
    print('1~10 合计 ', result)
# 调用函数 	
total()```
	输出
	1~10 合计 55

这个函数 total 中的 3 个变量 result、item、square 都是局部变量，它们的适用范围（Scope）只能在函数 total() 之内。离开了函数，它们的适用范围就被销毁（结束生命周期）。若在函数范围外使用这些变量，就会出现错误提示。

例一：局部变量无法在全局范围进行访问。在 total() 函数范围外输出变量 result 的值，Python 会出现"NameError"提示。

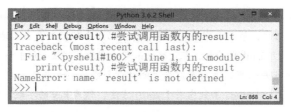

例二：范围不同，而名称相同的局部变量，无法混合使用。

```
def total(): # 自定义函数一
    result = 0
    for item in range(11):
        result += item
    return result    # ①
def main(): # 自定义式二
    outcome = result = 0
    outcome = total()
    result = outcome ** 2    # ②
    print(result)
# 调用函数
main()
```

◆ 第一个函数 total() 中有变量 result，第二个函数 main() 中也有变量 result，但由于它们访问的范围不同，所以彼此之间不受影响。

◆ 第二个函数 main() 在调用 total() 函数时，主控权会传递给 total() 函数，经由 return 语句返回时，主控权又会回到 main() 函数，所以变量 result 属于此函数的设定值。

例三：当全局变量、局部变量同名称时，全局变量会被调用。

```
def total():
    print(result)
# 调用函数
result = 100    # 全局变量
total()         # 调用函数
```

◆ 由于函数 total() 中的 result 未赋值，所以它会调用全局变量的值，print() 函数输出 100。

6.5.2 认识 global 语句

为了让 Python 的解释器识别全局变量和局部变量，可以在使用全局变量时，加上 "global" 关键词。当全局变量和局部变量的名称相同时，如果要在自定义函数中使用，为了避免冲突，可以在函数内使用 "global" 关键字声明全局变量（尽量避免使变量的名称相同），确保全局和局部的变量值可以顺利输出。

▓ 范例 CH0615.py——使用 global 语句

Step 01 新建空白文档，输入下列程序代码。

```
01   fruit = 'Apple'
02   # 定义函数
03   def Favorite():
04       global fruit
05       print('Favorite fruit is', fruit)
06       fruit = 'Blueberry'
07       print('I like',fruit,'ice cream.') )
08   # 调用函数
09   Favorite()
```

Step 02 保存文件，按【F5】键运行。

```
 RESTART: D:/PyCode/CH06/CH0615.py
Favorite fruit is Apple
I like Blueberry ice cream.
```

程序说明

◆ 第 1、4 行：fruit 在全局、局部都有使用，在 Favorite() 内使用时需加上 global 语句。

Python 判断变量在局部、全局和内建范围运行的方法如下。

- 变量可用于不同适用范围内，若名称相同，则局部变量的优先权高于全局变量，而全局范围高于内建范围。

- 第一次命名的位置，代表它的适用范围。运行时，范围由小到大，由局部到全局再到内建范围。

章节回顾

- 定义函数和调用函数不同。定义函数要有"形参"（Formal parameter）来接收数据，而调用函数要有"实参"（Actual arguments）进行数据的传递。
- 定义函数使用 def 关键词，作为函数程序子块的开头，末尾要有冒号"："来生成 suite。函数名称以标识符名称命名为规则，依据需求在括号内放入形参列表（format argument list）。
- 函数有 3 种输出结果的方式：①函数无参数，函数主体也无表达式，使用 print() 函数输出信息；②函数有参数，函数主体有运算，使用 return 语句返回；③返回值有多个，return 语句结合 Tuple 对象来表达。
- 调用函数时，实参（Actual argument）将数据或对象传递给自定义函数，默认使用位置参数。形参（formal parameter）在定义函数中，用来接收实参所传递的数据，默认是位置参数。
- Python 参数传递原则：①不可变（Immutable）对象会先复制一份再进行传递；②可变（Mutable）对象会直接通过存储位置进行传递。
- 定义函数时，采用默认参数值（Default Parameter values）是将形参给予默认值，当"调用函数"某个参数没有传递数据时，可以将默认参数值作为默认值。
- 关键词参数（Keyword Argument）用于调用函数。它会直接以定义函数的形参为名称，不需要根据其位置来传递参数。
- 定义函数的形参，"*t"表示它是一个 * 星号表达式配合 Tuple，用来收集位置参数。
- 调用函数以实参传递数据时，使用 * 运算符拆解"可迭代对象"。
- lambda 函数又称 lambda 表达式，它没有函数名称，用一行语句来表达其语句。
- 变量根据其适用范围可分以下 3 种：①全局（Global）范围适用于当前整个文档（*.py）；②局部（Local）范围适用于当前使用的函数或流程控制的程序子块，离开此范围就会结束其生命周期；③内建（Built-in）范围由内置函数（BIF）通过 builtins 模块来建立所使用的范围，模块中使用的变量，可以在不同文档中使用。

自我评价

一、填空题

1. 请填入下图中与函数有关的名词：① _____ 、② _____ 、

③ _____ 。

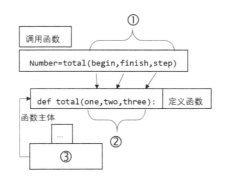

2. 定义函数时，使用____关键词，来作为函数程序子块的开头。

3. Python 如何进行参数传递？_____会先复制一份再做传递；_____会直接以内存地址做传递。

4. 根据下列语句来填入正确的名词：「 a、b 」是_____；「 c = 13 」是_____；func(15, 22) 返回____；func(14, 33, 18) 返回____。

```
def func(a, b, c = 13):
    return a + b + c
print(func(15, 22))
print(func(14, 33, 18))
```

5. 下列简易程序代码会输出：____；原因：_____。

```
data = print('Hello!')
if data is None:
    print('Ture')
else:
    print('False')
```

6. 根据下列语句来填写相关名词：value 本身是____对象；用来接收_____；

* 是_____。

```
def score(name, *value): # 定义函数
    print(value)
score('Mary', 78, 95, 81) # 调用函数
```

7. 将下列定义函数的语句改成 lambda 函数。

```
def expr(num1, num2): # 自定义函数
    return num1**num2
```

二、实践题

1. 参考范例 CH0604，输入两个数值做加、减、乘、除、余数运算，并用字符串对象的 str.format() 方法对输出结果进行格式化。

2. 参考关键词参数方法来定义函数，输入名字、语文、英语、数学成绩并算出总分，用函数 main() 来调用另一个函数。

```
输入名字：林小明
请输入语文、英语、数学成绩：85, 61, 81
名字：   林小明
语文：   85
英语：   61
数学：   81
总分：   227
```

3. 参考 * 表达式的使用方法，计算他们有几科，合算总分。

```
['Eric', 98, 76]
['Vicky', 77, 82, 51]
['Peter', 84, 65, 92, 55]
```

4. 参考使用 * 运算符拆解可迭代对象的方法，计算下列实际发放薪资。

员工	薪资	医疗保险	失业保险	扣除税额
王小玉	28000	605	405	5%
林大同	35000	731	490	12%
李明明	42000	882	591	15%

模块与函数库

章节导引	学习目标
7.1 导入模块	介绍 import/as 和 from/import 语句
7.2 自定义模块	认识 sys 模块,自行撰写 Python 模块
7.3 随机数值 random 模块	认识 random 模块的相关方法,产生随机值
7.4 取得时间戳 time 模块	认识 time 模块,处理时间数据
7.5 datetime 模块	掌握用 date、timedelta 模块处理日期和进行日期间隔运算的方法
7.6 显示日历 calendar 模块	掌握 prcal() 方法输出指定年份的日历

7.1 导入模块

什么是模块（Module）？简单来说就是一个 Python 文件。模块包含运算、函数与类。前面章节使用最多的就是 math 模块，除了可以用 import 语句导入模块外，还可以使用下列方法导入模块。

- 配合 as 语句为导入模块取别名。
- 加入 from 语句可以指定导入模块的对象。

7.1.1 import/as 语句

模块（Module）是一个"*.py"文件，那么，如何区别 Python 文件和作为模块的文件？很简单，一般 .py 文件通过解释器就能运行，但模块则要通过 import 语句将文件导入才能使用。之前的章节中已经使用过导入模块的语句，下面来复习一下它的语法。

import 模块名称 1, 模块名称 2,…，模块名称 N
import 模块名称 as 别名

- 利用 import 语句可以导入多个模块，不同模块之间用逗号隔开。
- 当模块的名称较长时，允许使用 as 语句给模块起一个别名。

例如，同时导入 Python 标准模块的 math 模块和 random 模块。若导入的模块名称较长，可使用 as 语句为其起一个别名。

import math, random   # 同时导入两个模块
import fractions as frac   # 给有理数模块 fractions 起一个别名 frac

import 语句一般放在程序（*.py 文件）的开头。由于模块本身就是一个类，因此使用其拥有的方法或者函数的时候要加上类名称，再加上"."（半角）来调用，如下所示分别为调用 math 模块中的圆周率 pi 属性和求幂的函数 pow。

import math # 导入数学模块 math.pi # 圆周率 math.pow(5, 3) # ①	输出 ① 3.141592653589793 ② 相当于 5**3 = 125

7.1.2 from/import 语句

导入某个模块时，与它有关的属性和方法也会被加载。若只想使用某些特定的属性或方法，可以用 from 语句开头，用 import 语句指定对象名，其语法如下。

---

from 模块名称 import 对象名
from 模块名称 import 对象名 1, 对象名 2, ..., 对象名 N

from 模块名称 import *

◆ * 字符表示全部。所以它会导入指定模块的所有属性和方法。

这样在使用的时候，可以省略类名称，直接调用其属性和方法。同样地，如果要指定

多个对象，需要用逗号隔开，如下所示。

```
# 一般使用 " 类 . 方法 "
import math # 导入数学模块
math.fmod(15, 4) # 取得余数，返回 3.0
```
```
# math 模块只导入 fmod() 方法
from math import fmod
fmod(395, 12)
```

◆ 直接使用 fmod() 方法来求两数之间的余数，11.0。

```
# from/import 语句
from math import factorial, ceil
ceil(33.2142)
factorial(6)
```

◆ 指定导入 math 模块的 factorial() 和 ceil() 方法。

◆ ceil() 方法用来取整数，将小数无条件进位，输出 "34"。

◆ factorial() 方法可以计算阶乘，相当于 $1 \times 2 \times 3 \times 4 \times 5 \times 6$，输出 "720"。

"from/import" 语句仅限于指定方法，如果要使用模块的其他方法，由于并没有导入，

所以会出现错误提示。

· 7.1.3 内置函数 dir() 查看命名空间

要使用模块，就要充分了解命名空间（Namespace）。在第 6 章学习定义函数时，

介绍过 "适用范围"（Scope）。在 Python 运行环境 中，"命名空间" 有其存在的必要。

如果把命名空间视为容器，那么，容器中收集的名称会随使用模块的不同而有所增减；如果

想进一步查看，则可以使用内置函数 dir() 配合参数来了解。

● 如果内置函数 dir() 没有加参数，那么会列出目前已定义的变量、类、属性和方法，

177

即 shell 中最上层的命名空间，用 List 对象表示。

```
>>> dir()
['__annotations__', '__builtins__',
'__doc__', '__loader__', '__name__',
'__package__', '__spec__']
```

● 导入模块 sys，会显示字符串 word，如果通过函数 dir() 进行查看，List 元素的最后两项就是刚才加入的"sys"和"word"。这说明"命名空间"会随变量的显示和模块的导入而变化。

```
>>> import sys
>>> word='Python'
>>> dir()
['__annotations__', '__builtins__',
'__doc__', '__loader__', '__name__
', '__package__', '__spec__', 'sys',
'word']
```

● 内置函数 dir() 以某个模块名称为参数，会显示该模块的属性和方法。

```
>>> dir(sys)
['__displayhook__', '__doc__', '__ex
cepthook__', '__interactivehook__',
'__loader__', '__name__', '__package
__', '__spec__', '__stderr__', '__st
din__', '__stdout__', '_clear_type_c
ache', '_current_frames', '_debugmal
```

7.2 自定义模块

除了可以加载标准库模块之外，用户也可以自行定义模块文件，再使用 import 语句加载来运行。此处先认识和自定义模块有关的 sys 模块。

7.2.1 什么是命令行参数？

测试 Python 程序时，可以在"命令提示字符"窗口下输入如下内容。

python 文件名 .py

如果文件能顺利运行，表示 Python 环境已能运行。这一切都与 sys 模块有关。模块 sys 的属性 argv，提供了查询"命令行参数"（Command Line Arguments）的功能，下面先来熟悉它的语法。

sys.argv
sys.argv[index]

◆ "sys.argv"未加入索引，接收的参数会放入 List 中。

◆ "sys.argv[index]"：可加入索引值，从 0 开始，可直接显示参数，但不会放入 List 中。
先在 Python Shell 互动模式下，看一下 sys.argv 的作用。

```
>>> import sys
>>> print(sys.argv)
['']
```

先导入 sys 模块，再输出 sys.argv，为什么 List 的元素只有空字符串 " ' ' "！如
何使用 sys.argv？不加索引和使用索引有何不同？下面通过一个范例来了解。

■ **范例 CH0701.py——使用 sys.argv 不加索引**

Step 01 新建空白文档，输入下列程序代码并保存。

```
01   import sys # 导入 sys 模块
02   print('Learning ', sys.argv)
```

Step 02 打开 cmd 窗口，切换到存放 Python 程序的目录，输入"python CH0701.
py"命令。

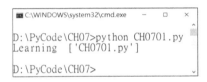

程序解说

◆ 第 1 行：只有先导入 sys 模块，才能在 cmd 窗口中传入参数。
◆ 第 2 行：在 print() 函数中，先设一个字符串，再通过 sys.argv 来接收命令行传入的
参数。

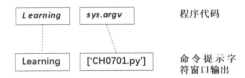

如上图所示，从 cmd 窗口的输出可知如下内容：

● 字符串"Learning"维持不变，未含索引的"sys.argv"将接收的参数存入 List 对象，
第一个元素是 Python 文件名。

进行一个小变动，仍然在 cmd 窗口中，在"python CH0701.py"后，加入参数"one
two three"，如下图所示。

179

```
C:\WINDOWS\system32\cmd.exe                           —    □    ×
D:\PyCode\CH07>python CH0701.py one two three
Learning  ['CH0701.py', 'one', 'two', 'three']

D:\PyCode\CH07>
```

按下【Enter】键，可以看到参数"one""two""three"都会跟在文件名之后输出。这表明"sys.argv"也接收了文件名"CH0701.py"之后的参数列表，它们都放入 Learning 字符串之后的 List 对象。

那么语法中的 index 有什么作用？它意味着"sys.argv"要接收更多的命令行参数，并且需要借助索引来完成。索引值由 0 开始，而"sys.argv"和"sys.argv[0]"二者的不同之处是后者不是一个 List 对象，而是 Python 的程序名。以此类推，第二个参数会被放入 sys.argv[1] 中，第三个参数会被放入 sys.argv[2] 中……后面的参数都会被依次放入索引，如下图所示。

```
C:\WINDOWS\system32\cmd.exe                           —    □    ×
D:\PyCode\CH07>python CH0701.py
Learning  CH0701.py
D:\PyCode\CH07>
```

我们重新审视之前的范例，将程序代码修改如下。

■ 范例 CH0702.py——使用"sys.argv"接收命令行参数

Step 01 在 Python Shell 模式下，单击菜单"File"下的"New File"子菜单命令，新建空白文档。

Step 02 输入下列程序代码。

```
import sys
print ( 'Hello ', sys.argv[1], sys.argv[2] )
```

下面代码在执行的过程中，在"python"指令之后，除了文件名外，加入两个参数"Eric""Chiryoku"。cmd 窗口的运行结果如下图所示。

```
C:\WINDOWS\system32\cmd.exe                           —    □    ×
D:\PyCode\CH07>python CH0702.py Eric Chiryoku
Hello  Eric Chiryoku

D:\PyCode\CH07>
```

有时免不了疏忽，如果参数数量少于给出的索引，那么会引发错误，如下图所示。

```
C:\WINDOWS\system32\cmd.exe                           —    □    ×
D:\PyCode\CH07>python CH0702.py Peter
Traceback (most recent call last):
  File "CH0702.py", line 2, in <module>
    print('Hello ', sys.argv[1], sys.argv[2])
IndexError: list index out of range
```

· 7.2.2 查看模块路径用 sys.path

想要取得模块的运行路径，可调用 sys 模块的 path 属性来查看，它会显示 Python 软件安装的默认路径和标准函数库所在的路径。

```
>>> import sys
>>> sys.path
['', 'C:\\Users\\LSH\\AppData\\Local\\
Programs\\Python\\Python36-32\\Lib\\id
lelib', 'C:\\Users\\LSH\\AppData\\Loca
l\\Programs\\Python\\Python36-32\\pyth
```

但是自定义模块不会自动加载，需要通过 List 类的 append() 方法来加入，代码如下。

```
import sys
sys.path.append（"D:\PyCode\CH07"）
```

  ◆ append() 方法的特点就是把新增的元素加到 List 对象的最后，可以使用 "sys.path" 来确认。

· 7.2.3 自行定义模块

下面用一个简单的范例来说明自定义模块的用法。范例本身会变成模块，因此在 Python Shell 对话模式下不会输出结果。

■ 范例 CH0703.py——自定义模块

Step 01 新建空白文档，输入下列程序代码。

```
01   from random import randint, randrange
02   # 产生某个区间的整数随机数
03   def numRand(x, y):
04     cout = 1 # 计数器
05     while cout <= 10:
06       number = randint(x, y)
07       print(number, end = ' ')
08       cout += 1
09     print()
10   def numRand2(x, y):
11     cout = 1
12     result = [] # 存放随机数
13     while cout <= 10:
14       number = randint(x, y)
15       result.append(number)
16       cout += 1
17     return result
```

Step 02 保存文件，按【F5】键运行正常；用 import 语句先导入 sys 模块，再导入范例 CH0703。

```
RESTART: D:/PyCode/CH07/CH0703.py
>>> import sys
>>> sys.path.append('D:\PyCode\CH07')
>>> import CH0703
>>> CH0703.numRand(20, 45)
36 43 32 30 31 33 20 32 31 30
```

Step 03 还可以尝试使用 form/import 语句。

```
>>> from CH0703 import numRand2
>>> numRand2(15, 50)
[22, 22, 46, 23, 35, 49, 46, 32, 34, 41]
```

程序解说

◆ 第 1 行：用 "from/import" 语句导入指定方法 "randint、randrange"，这两个方法的作用是在 random 模块中产生某个区间的随机整数。

◆ 第 3~9 行：定义第一个函数 numRand()，取得参数 x、y 来指定 randint() 方法产生随机数的范围。

◆ 第 5~8 行：配合计数器，用 while 循环来产生 10 个随机数值。

◆ 第 10~17 行：定义第二个函数 numRand2()，将产生的随机数用 List 存储，再通过 return 语句返回。

步骤说明

◆ 载入 CH0703.py 的同时，会以此文件名建立命名空间。所以调用函数时要前置模块名称，如 "CH0703.numRand"，这样才能看见其值。

· 7.2.4 属性 __name__

前面提到可以使用 dir() 函数查询模块的属性。每个模块都会有 "__name__" 属性，用字符串存放模块名称。如果直接运行某个 .py 文件，那么 __name__ 属性会被设为 "_main__" 名称，表示它是主函数。如果是用 import 语句来导入此文件，则属性 __name__ 会被设置为模块名称。

import CH0703 CH0703.__name__ __name__	输出 'CH0703' '__main__'

◆ 用模块的方式导入文件 "CH0703"，__name__ 属性会显示文件名。

◆ 直接调用 __name__，则输出 "__main__"，说明它是主函数。

■ **范例 CH0704.py——_name_ 属性判断是否为主模块**

Step 01 新建空白文档，输入下列程序代码。

```
01   # 产生 10~100 的整数随机数
02   num1, num2 = eval(input(
03     ' 请输入小于 100 的两个数值来产生随机数： '))
04   number = randint(num1, num2)
05   if __name__ == '__main__':
06     print(' 我是主函数 ')
07   print(' 随意数值： ', number)
```

Step 02 保存文件，按【F5】键运行。

程序解说

◆ 第 4~5 行：使用 if 语句判断属性 __name__ 是否为 "'__main__'"。确定运行此程序，会输出 "我是主函数" 的提示；如果是用模块来导入文件，则不会显示 "我是主函数" 的提示。

将范例 CH0704.py 稍做修改（范例 CH0705），使其作为模块之后可以显示 "我是被当作模块" 的提示。

■ **范例 CH0705.py——_name_ 属性判断**

Step 01 在 Python Shell 模式下，单击菜单 "File" 下的 "New File" 子菜单命令，新建空白文档。

Step 02 输入下列程序代码。

```
# 产生 10~100 的整数随机数
01   num1, num2 = eval(input(
02     ' 请输入小于 100 的两个数值来产生随机数： '))
03   number = randint(num1, num2)
04   if __name__ == '__main__':
05     print(' 我是主函数 ')
06   else:
07     print(' 我是被当做模块 ')
```

■ **范例 CH0706.py——导入文件 CH0705 为模块，猜数字**

Step 01 新建空白文档，输入下列程序代码。

```
01   from CH0705 import number # 导入模块
02
03   count = 1 # 统计次数
04   guess = 0 # 存储输入数值
05   while guess != number :
06     guess = int(input(' 输入 1~100 的数字 ->'))
07     # if/elif 语句来反应猜测状况
08     if guess == number:
09       print(' 第 {0} 次猜对，数字：{1}'.format(
10         count, number))
11     elif guess >= number:
12       print(' 数字太大了 ')
13     else:
14       print(' 数字太小了 ')
15     count += 1
```

Step 02 保存文件，按【F5】键运行。

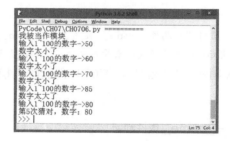

程序解说

◆ 第 1 行：导入模块 CH0705 的属性 number。

◆ 第 5~15 行：使用 while 循环来猜测用随机数生成的数值，用变量 count 来统计用了几次才猜对数值。

◆ 第 8~14 行：使用 if/elif 语句来提示使用者输入的数值是太大或太小。

7.3 随机数值 random 模块

什么是包（Package）？简单地说，就是把多个模块组合在一起。如果程序很庞大，内容很复杂，Python 允许设计者通过逻辑性的组织，把程序打包或者分割成几个文件，而彼此之间可以共享。这些分置于不同文件中的程序代码，可能由不同的类组成，也可能包含多个已定义好的函数。

所以，我们可以把包（Package）视为目录，它收集了若干相关的模块。简单地说，包就是一个模块库、函数库。Python 提供标准函数库（Standard Library）供编程使用，由于其功能强大，被称作自带电池（"Batteries included"）。

如果要产生随机数值，则由 random 模块来负责，下表列举了与 random 模块有关的方法。

方法	说明
choice(seq)	从序列项目中随机挑选一个
randint(a, b)	在 a 到 b 之间产生随机整数值
random()()	随机产生 0~1 的浮点数
randrange(start, stop[, step])	指定范围内，用 step 递增获取一个随机数
sample(population, k)	序列项目随机挑选 k 个元素并用 list 返回
shuffle(x[, random])	将序列项目重新洗牌 (shuffle)
seed(a=None, version=2)	初始随机数的产生器
uniform(a, b)	用于生成一个指定范围内的随机符点数

choice() 方法能从序列数据中随机挑选一个数值，它的参数是一个非空白的列表类型，而 shuffle() 方法会把序列元素原有的顺序打乱。下面以 List 对象为例子，了解相关方法的使用。

```
import random   # 导入 random 模块
data = [86, 314, 13, 445]   # 建立 List
random.choice(data)      # 返回 314( 结果随机 )
random.choice(data)      # 返回 86( 结果随机 )
```

* choice() 方法从 List 对象随机挑选一个元素。

```
import random   # 导入 random 模块          输出
data = [86, 314, 13, 445]   # 建立 List
random.shuffle(data)
print(data)   # ①                        ① [314, 13, 86, 445]
random.sample(data, 2)   # ②              ② [86, 13]
random.sample(data, 3)   # ③              ③ [314, 86, 445]
```

* shuffle() 方法把 List 对象的元素打乱，返回和原来顺序不同的 List 对象。
* sample() 方法会把选取的 2 个或 3 个元素用 List 对象返回。此外，第一次未被选取的元素有优先权。

继续其他方法，random() 方法可以随机产生 0~1 的浮点数。要指定某个区间的随机浮点数，可以使用 uniform() 方法来指定范围。

```
import random   # 导入 random 模块
random.random()        # 返回 0.43610914232136877
random.uniform(12, 15)   # 返回 14.613330319407419
```

randrange() 方法和内置函数 range() 的用法有些类似，可以根据需求加入 1~3 个参数来产生不同效果的随机值。

```
random.randrange(100)     # 小于 100 的随机值
random.randrange(50, 101)   # 取得 50~100 的随机值
random.randrange(50, 101, 2)   #50~100 的随机值，递增 2 的倍数
random.randrange(12, 101, 3)   #12~100 的随机值，递增 3 的倍数
random.randrange(17, 101, 17)   #17~100 的随机值，递增 17 的倍数
```

■ **范例 CH0707.py**——编写一个抽奖程序，从 1 ~ 10 中产生 3 个随机整数，若包含 7，则点数加倍

Step 01 新建空白文档，输入下列程序代码。

```
01   import random as rdm # 导入 random 模块
02   # 自定函数 main()，它调用 funcLotto() 函数
03   def main():
04      result = 0
05      # 产生 1~0 的随机数
06      num1 = num2 = num3 = 0
07      num1 = rdm.randrange(11)
08      num2 = rdm.randrange(11)
09      num3 = rdm.randrange(11)
10      result = funcLotto(num1, num2, num3)
11      print(' 总点数：', result)
12
13   # 自定函数 funcLotto() 产生 1~10 随机数
14   def funcLotto(n1, n2, n3):
15      total = outcome = 0
16      total = n1 + n2 + n3
17      if n1 == 7 or n2 == 7 or n3 == 7:
18         print(' 得到一个幸运号码 7')
19         print(' 红利和：', total)
20         outcome = total * 2
21      else:
22         print(' 获到点数：{0:3d},{1:3d},{2:3d}'.format(
23            n1, n2, n3))
24         outcome = total
25      return outcome
26   # 调用函数
27   main()
```

Step 02 保存文件，按【F5】键运行。

程序解说

◆ 第 1 行：导入 random 模块时，用 as 语句为其取个别名。

◆ 第 3~14 行：定义第一个函数 main()，用它来调用第二个函数 funcLotto()。

◆ 第 7~9 行：方法 randrange() 用来限定产生的随机数的区间为 1~10。

◆ 第 14~25 行：定义第二个函数 funcLotto()，接收 3 个参数。

◆ 第 17~25 行：使用 if/else 语句，并用 or 运算符判断 3 个随机数值中是否包含幸运数字7。如果有，就把 3 个随机数相加作为红利再乘 2，让红利翻倍；如果没有，就只能取得 3 个随机数相加的结果。

7.4 取得时间戳 time 模块

对于日期和时间数据，Python 标准函数库提供了下列模块。

● time 模块：取得时间戳（timestamp）。

● calendar：显示月历，如显示整个年份或是某个月份的月历。

● datetime 模块：处理日期和时间。

7.4.1 取得目前时间

time 模块表示一个绝对时间。由于它来自 UNIX 系统，所以计算时间从 1970 年 1 月 1 日零时开始，以秒为单位，这个值称为"epoch"。此外，time 模块取得的时间，会以"世界标准时间"（UTC, Coordinated Universal Time，或称 GMT）为准，辅助以"夏令时间"（DST, Coordinated Universal Time）。常用方法如下表所示。

方法	说明
time()	以浮点数返回自 1970/1/1 零时之后的秒数值
Sleep(secs)	让线程暂时停止运行的秒数
Asctime([t])	用字符串返回目前的日期和时间，由 struct_time 转换

续表

方法	说明
Ctime([secs])	用字符串返回目前的日期和时间，由 epoch 转换
gmtime()	取得 UTC 日期和时间，可以 list() 函数转成数字
localtime()	取得本地的日期和时间，可以 list() 函数转成数字
strftime()	将时间格式化
strptime()	以指定格式返回时间值

先用范例说明 time() 方法如何取得 epoch 值。

■ 范例 CH0708.py——取得目前时间

Step 01 新建空白文档，输入下列程序代码。

```
01    import time # 导入 time 模块
02    # 用秒数储存 epoch 值，用浮点数输出
03    seconds = time.time()
04    print('epoch:', seconds)
05    # 取得本地的日期和时间，采用 struct_time 类型以 Tuple 对象输出
06    current = time.localtime(seconds)
07    print(' 当地时间: ')
08    print(current[0], ' 年 ', end = ")
09    print(format(current[1], '2d'), ' 月 ', end = ")
10    print(format(current[2], '2d'), ' 日 ', end = ")
11    print(format(current[3], '3d'), ' 时 ', end = ")
12    print(format(current[4], '3d'), ' 分 ', end = ")
13    print(format(current[5], '3d'), ' 秒 ')
14    # 取得目前的日期和时间，用字符串输出
15    current2 = time.ctime(seconds)
16    print(' 目前时间: ', current2)
```

Step 02 保存文件，按【F5】键运行。

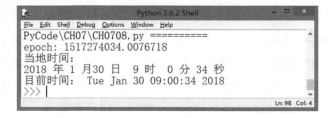

程序解说

◆ 第 3、4 行：使用 time() 方法取得的是从 1970 年 1 月 1 日凌晨零时开始到现在的秒数，用浮点数输出。

◆ 第 6 行：用 localtime() 方法取得本地的日期和时间，它会以 Tuple 储存。

◆ 第 8~13 行：指定 Tuple 元素的索引，再用 format() 函数将年、月、日、时、分、秒进行格式化输出。

◆ 第 15 行：ctime() 方法则是把 epoch 值（秒数）转为目前的日期和时间，共 24 个字符的字符串，用"星期 月 日期　时：分：秒 年"显示。

取得目前的时间的方式有以下两种。

● asctime() 方法或 ctime() 方法，它们都会以 24 个字符的字符串返回。省略参数时，asctime() 方法会用 localtime() 方法取得的时间值（struct_time 类型）为参数值做转换。ctime() 方法则会以 epoch 为基准，利用"time.time()"取得的时间戳（秒数）来转换。

● gmtime() 方法返回 UTC 时间，localtime() 方法返回当地时间。无论是哪一种，都可用 list() 或 tuple() 函数对时间形式进行转换。

```
>>> import time
>>> seconds = time.time()
>>> time.localtime(seconds)
time.struct_time(tm_year=2017, tm_mon
=9, tm_mday=2, tm_hour=14, tm_min=38,
tm_sec=39, tm_wday=5, tm_yday=245, tm
_isdst=0)
>>> list(time.localtime())
[2017, 9, 2, 14, 39, 38, 5, 245, 0]
```

7.4.2 时间结构的格式转换

localtime() 方法返回的时间，为 struct_time 类型的时间值，共有 9 个，其索引值对应的属性及值如下表所示。

索引值	属性	值 / 说明
0	tm_year	1993；公元年份
1	tm_mon	range[1, 12]；1~12 月
2	tm_mday	range[1, 31]；每个月的天数 1~31
3	tm_hour	range[0, 23]；时数 0~23
4	tm_min	range[0, 59]；分 0~59
5	tm_sec	range[0, 31]；秒 0~31
6	tm_wday	range[0, 6]；周 0~6；0 开始是星期一
7	tm_yday	range[1, 366]；一年的天数 0~366
8	tm_isdst	0，-1，1 来表达是否为夏令时间

strftime() 方法可将 struct_time 类型的时间值格式化，以字符串类型返回，语法如下。

```
strftime(format[, t])
```

◆ format 是格式化字符串，请参考下表。

◆ 参数 t 按照 gmtime() 或 localtime() 方法获得时间值。

时间属性	转换指定形式	说明
年	%y	用二位数表示年份 00 ~ 99
	%Y	用四位数表示年份 0000 ~ 9999
	%j	一年的天数 001 ~ 366
月	%m	月份 01~12
	%b	简短月份名称，Ex：Apr
	%B	完整月份名称，Ex：Aprial
日期	%d	月份的某一天 0~31
时	%H	24 小时制 0 ~ 23
	%I	12 小时制 01 ~ 12
分	%M	分钟 00 ~ 59
秒	%S	秒数 00 ~ 59
星期	%a	简短星期名称
	%A	完整星期名称
	%U	一年的周数 00 ~ 53，由星期天开始
	%W	一年的周数 00 ~ 53，由星期一开始
	%w	星期 0 ~ 6，星期第几天
时区	%Z	当前的时区名称
其他	%c	用「星期 月 日期 时：分：秒 年」输出
	%p	表示本地时间所加入的 A.M. 或 P.M.
	%x	本地对应的日期，用「年 / 月 / 日」表示
	%X	本地对应时间，用「时：分：秒」表示

将 localtime() 方法所得的时间用 strftime() 方法做格式化表达的方法如下所示。

```
import time    # 导入 time 模块
current = time.localtime()   # 取得目前的日期和时间
time.strftime('%Y-%m-%d %H:%M:%S', current)   # ①
time.strftime('%Y-%m-%d 第 %W 周 ', current)   # 属于一年的周数
time.strftime('%Y-%m-%d 第 %j 天 ', curret)    # 属于一年的天数
time.strftime('%c', current))    # ②
time.strftime('%c%p', current)   # ③
time.strftime('%x', current)   # 只返回日期部分
time.strftime('%X', current)   # 只返回时间值
```

◆ ①以"年 – 月 – 日 时：分：秒"的格式返回字符串，如"2017-05-02 16:17:30"。

◆ ②以"星期 月 日期 时：分：秒 年份"的格式返回字符串，如"Sat Sep 2 15:27:09 2017"。

◆ ③加入"%p"会显示它是 AM 或 PM，如"Sat Sep 2 15:30:19 2017 PM'"。

◆ 小写 "%x" 返回值只有日期的年、月、日；大写 "%X" 返回值则只有时间的时、分、秒。

strptime() 方法与 strftime() 方法相反，strptime() 方法会把已格式化的时间值还原为 struct_time 类型的时间值，其语法如下。

> strptime(string[, format])

◆ string：要指定格式的日期和时间，用字符串表达。

◆ format：格式化字符串。

```
tme = '2017-09-02 15:25:31'
time.strptime(tme, '%Y-%m-%d %H:%M:%S')
```
输出
```
time.struct_time(tm_year=2017, tm_mon=9, tm_mday=2, tm_hour=15, tm_
min=25, tm_sec=31, tm_wday=5, tm_yday=245, tm_isdst=-1)
```

◆ 将日期和时间用字符串的形式传递给变量 time 保存。

◆ 使用 strptime() 方法，第二个参数所指定的格式化字符串要能与变量 time 的日期和时间相对应，这样才能正确返回 struct_time 类型的时间值，如下图所示。

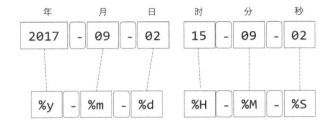

新手上路

使用 strptime() 方法，如果第二个参数指定的格式无法和第一个参数的日期和时间一一对应，就会输出错误提示。

```
>>> tme = '2017-09-02 15:25:31'
>>> import time
>>> time.strptime(tme, '%Y-%m %H:%M:%S')
Traceback (most recent call last):
  File "<pyshell#2>", line 1, in <module>
    time.strptime(tme, '%Y-%m %H:%M:%S')
  File "C:\Users\LSH\AppData\Local\Programs
\Python\Python36-32\lib\_strptime.py", line
559, in _strptime_time
    tt = _strptime(data_string, format)[0]
  File "C:\Users\LSH\AppData\Local\Programs
\Python\Python36-32\lib\_strptime.py", line
362, in _strptime
    (data_string, format))
ValueError: time data '2017-09-02 15:25:31'
```

7.5 datetime 模块

datetime 模块，顾名思义是用来处理日期和时间的，它有两个常数。

- datetime.MINYEAR：表示最小年份，默认值"MINYEAR = 1"。
- datetime.MAXYEAR：表示最大年份，默认值"MAXYEAR = 9999"。

由于 datetime 模块能支持日期和时间的运算，其有关的类如下。

- date 类：用来处理日期问题，所以就与年（Year）、月（Month）、日（Day）有关。
- time 类：用来处理时间问题，这里的时间指的是时间段，单位包括时（Hour）、分（Minute）、秒（Second），还有更细的微秒（Microsecond）。
- datetime 类：由于包含了日期和时间，所以 date 和 time 类有关的都包含在内。
- timedelta 类：表示时间的间隔，可用来计算两个日期、时间之间的间隔。

· 7.5.1 date 类处理日期

date 类用来处理日期问题，也就是包含了年、月、日的问题。通常类都有构造函数来实例化对象，date 类的构造函数语法如下。

```
date(year, month, day)
```

- year 的范围是 1~9999。
- month 的范围是 1~12。
- day 的范围则依据 year、month 来决定。

提示 什么是构造函数？

- 构造函数的概念来源于面向对象，通过构造函数可以将对象初始化，也可以把类实例化，并创建对象。

使用 date 类的构造函数时，3 个参数的年、月、日都不能省略，如下述范例所示。

```
import datetime    # 导入 datetime 模块
print(datetime.date(2017, 8, 3) )    # 输出 2017-08-03
```

Date 创建的对象既可以使用所继承类自身包含的方法，也可以使用实例化的对象所具有的方法。如果使用所继承类的方法，要直接调用 date 名称。下表列举了其常用的类方法和属性。

date 类属性、方法	说明
day	整数天数
year	年份
month	月份
today() 方法	无参数，返回当前的日期
fromordinal(ordinal)	依据天数返回年、月、日
fromtimestamp(timestamp)	参数配合 time.time() 可返回当前的日期

我们通过下面的范例来了解 date 类的 year、month、day 的属性。

```
import datetime
special = datetime.date(2015, 9, 14)
special.day    # 日期
special.month  # 月份
special.year   # 年份
```
输出
14(day)
9(month)
2015(year)

◆ 用构造函数接收年、月、日 3 个参数（2015,9,14）来实例化 date 类，并赋值给 special 对象，再用 special 对象的属性分别取得年、月、日的值。

要取得今天的日期，可用 today() 方法。

```
import datetime
print(datetime.date.today()())
```
返回
2017-09-03

此外，date 类实例化之后，也提供一些对象方法，但要通过实例化的对象才能使用。

下表列举了一些对象方法。

对象方法	说明
ctime()	用字符串返回「星期 月 日 时：分：秒 年」
replace(y, m, d)	重设参数中的年 (y)、月 (m)、日 (d) 来新建日期
weekday()	返回星期值，索引值 0 表示周一
isoweekday()	返回星期值，索引值 1 表示周一
isocalendar()	以（年，周数，星期）元组的方式返回当前日期
isoformat()	以字符串返回其格式，如 'YYYY-MM-DD'
strftime(format)	将日期格式化
timetuple()	返回 time.struct_time 类型的时间值

使用方法 ctime() 必须要产生 date 对象才有返回值。replace() 方法可以根据参数的年 (year)、月 (month)、日 (day) 来重新分配其值。

```
import datetime
atonce = datetime.date.today() # 今天日期
atonce.ctime()   # 以字符串返回「 'Sun Sep  3 00:00:00 2017' 」
print(atonce.replace(month = 6, day = 12))
```

◆ 对象 atonce 先存储今天的日期，再调用 replace() 方法将月改成 "6"，日期变更成 "12"，最后它变成了"2017-06-12"。

方法 weekday() 可以判断指定日期是一周的第几天，不过索引由零开始，另一个方法 isoweekday() 的索引则是由"1"开始的。

```
import datetime
special = datetime.date(2017, 5, 8)
print(' 周 ', work.weekday())   # 输出 周 0
print(' 周 ', work.isoweekday())   # 输出 周 1
```

方法 isocalendar() 返回某个特定日期的"年 周数 星期"。

```
dt1 = datetime.date(2013, 12, 5)
dt2 = datetime.date(2017, 5, 8)
print(dt1.isocalendar())   # ①输出 (2013, 49, 4)
print(dt2.isocalendar())    # ②输出 (2017, 19, 1)
print('Date:', dt2.isoformat())    # ② Date: 2017-05-08
```

◆ ①调用 isocalendar() 方法，对象 dt 1 会返回"2013 ,49,4"，表示"2013 年第 49 周星期四"；dt2 则返回"2017,9,1"，表示"2017 年第 19 周星期一"。

◆ ②对象 dt2 调用 isoformat() 方法，则返回日期"2017-05-08"。

下述范例是用 date 类取得两个日期区间，用 timedelta 类以指定的日期间隔来进行日期计算。

■ 范例 CH0709.py——取得某个日期区间

Step 01 新建空白文档，输入下列程序代码。

```
01   from datetime import date, timedelta
02   # 某个日期区间，以 1 日为间隔值
03   begin = date(2017, 4, 1)
04   end = date(2017, 4, 30)
05   step = timedelta(days = 1)
06   result = [] # 空的 List，用来存放日期
07   # while 循环 加入 date 对象
08   while begin  < end:
09      result.append(begin.strftime('%Y-%m-%d'))
10      begin += step
11   width = 12
12   # for/in 读取并做格式化输出
13   for item in result:
14      print('{0:{width}}'.format(
15         item, width = width), end = '')
```

Step 02 保存文件，按【F5】键运行。

```
RESTART: D:/PyCode/CH07/CH0709.py
2017-04-01  2017-04-02  2017-04-03  2017-04-04  2017-04-05
2017-04-06  2017-04-07  2017-04-08  2017-04-09  2017-04-10
2017-04-11  2017-04-12  2017-04-13  2017-04-14  2017-04-15
2017-04-16  2017-04-17  2017-04-18  2017-04-19  2017-04-20
2017-04-21  2017-04-22  2017-04-23  2017-04-24  2017-04-25
2017-04-26  2017-04-27  2017-04-28  2017-04-29
```

程序解说

◆ 第 1 行：导入 datetime 模块的两个类 date 和 timedelta。

◆ 第 3~5 行：先设置日期区间的开始和结束日期，并设置间隔值。

◆ 第 8~10 行：使用 while 循环配合 list.append() 方法，并用 strftime() 方法设置显示模式，将日期加到 List 对象。

◆ 第 13~15 行：使用 for/in 循环读取 List 对象，并用字符串的 format() 方法将指定的宽度（第 11 行）放到格式码 "{0:{width}}"，其中 "0" 是指 item，而 width 会被设置的值取代。

下面我们利用日期可以相减的特性，来算一下年龄吧！

■ **范例 CH0710.py——计算年龄**

Step 01 新建空白文档，输入下列程序代码。

```
01   from datetime import date, timedelta
02   tody = date.today() # 今天日期
03   yr, mt, dt = eval(input(' 请输入出生的年、月、日 ->'))
04   # 某人生日
05   birth = date(yr, mt, dt)
06   ageDays = tody – birth
07   # 相减天数
08   print(' 天数: {:,} 天 '.format(ageDays.days))
09   age = ageDays/timedelta(days = 365)
10   print(' 年龄 {0:.2f}'.format(age))
```

Step 02 保存文件，按【F5】键运行。

程序解说

◆ 第 2、3 行：用 today() 方法取得今天的日期，再用 eval() 函数取得出生的年、月、日。

◆ 第 5 行：使用 date 类将年、月、日传递给 birth 变量存储。

- 第 6 行：用今天的日期减掉出生日期。
- 第 8、9 行：属性 days 可转换成天数，而 timedelta 类的 days 指定间隔为 365。

7.5.2 日期运算有 timedelta 类

datetime 模块的 timedelta 类具有 days、seconds 和 microseconds 等属性，它可以表示某个特定的日期，或者对指定日期或时间做运算。其构造函数的语法如下。

```
timedelta(days = 0, seconds = 0, microseconds = 0,
  milliseconds = 0, minutes = 0, hours = 0, weeks = 0)
```

timedelta 类可以配合构造函数来指定日期和时间，并做时间格式的转换，下面通过示例来介绍其用法。

■ **范例 CH0711.py——使用 timedelta 类指定日期和时间**

Step 01 在 Python Shell 模式下，单击菜单"File"下的"New File"子菜单命令，新建空白文档。

Step 02 输入下列程序代码。

```
from datetime import datetime, timedelta
# 设两个时间
d1 = timedelta(days = 4, hours = 5)
d2 = timedelta(hours = 2.8)
# 将两个时间相加
dtAdd = d1 + d2
print(' 共 ', dtAdd.days, ' 天 ')
print('7.8 时 = ', format(
dtAdd.seconds, '9,'), ' 秒 ')
print('4 天 7.8 时 = ', format(
  dtAdd.total_seconds(), '9,'), ' 秒 ')
输出
共 4 天
  7.8 时 =    28,080 秒
4 天 7.8 时 = 373,680.0 秒
```

- 变量 dtAdd 会分别根据属性 days 和 seconds 来显示结果。
- 方法 total_seconds() 则会把 dr 的天数和时间全部转换成秒数，所以输出"377,680.0 秒"。

运用 timedelta 可以将日期和时间做加、减、乘、除的运算，范例如下。

■ **范例 CH0712.py——使用 timedelta 类实现日期和时间的运算**

Step 01 在 Python Shell 模式下，单击菜单"File"下的"New File"子菜单命令，

新建空白文档。

Step 02 输入下列程序代码。

```
from datetime import datetime, timedelta
d1 = datetime(2015, 3, 8)
print(' 日期： ', d1 + (timedelta(days = 7)))
d2 = datetime(2017, 5, 25)
d3 = timedelta(days = 105)
dt = d2 - d3 # 将两个日期相减
print(' 日期二： ', dt.strftime('%Y-%m-%d'))
print(' 以年、周、星期输出 ', dt.isocalendar()())
输出：
日期： 2015-03-15 00:00:00
日期二： 2017-02-09
以年、周、星期输出 (2017, 6, 4)
```

◆ 先用 datetime() 构造函数设置日期之后，再用 timedelta() 构造函数指定天数，将两者相加之后可以得到一个新的日期，输出 "2015-03-15 00:00:00"。

◆ 同样用 datetime()、timedelta() 构造函数设置日期，两者相减之后得到新日期。

◆ 用 strftime() 函数设置返回格式，用 isocalendar 返回 "（2017, 6, 4）" 表示 "2017 年，第 6 周，星期四"。

▌ 范例 CH0713.py——计算上周的某个日期

Step 01 新建空白文档，输入下列程序代码。

```
01   from datetime import datetime, timedelta
02   # 建立储存星期的 list 对象
03   weeklst = ['Monday', 'Tuesday', 'Wednesday',
04       'Thursday', 'Friday', 'Saturday', 'Sunday']
05   def getWeeks(wkName, beginDay = None):
06     # 如果未传入 beginDay 之日期，就以今天为开始日期
07     if beginDay is None:
08        beginDay = datetime.today()
09     #weekday()() 方法返回取得星期的索引值，Monday 索引值为 0
10     indexNum = beginDay.weekday()
11     target = weeklst.index(wkName)
12     lastWeek = ( 7 + indexNum - target) % 7
13     if lastWeek == 0:
14        lastWeek = 7
15     #timedelta() 构造函数取得天数
16     lastWeek_Day = beginDay - timedelta(
17        days = lastWeek)
18     return lastWeek_Day.strftime('%Y-%m-%d')
```

```
19   # 只传入一个参数
20   print(' 今天的上周三： ', getWeeks('Wednesday'))
21   # 传入二个参数
22   dt = datetime(2017, 4, 11)
23   print('2017/4/11 的上周二： ', getWeeks('Tuesday', dt))
```

Step 02 保存文件，按【F5】键运行。

程序解说

♦ 第 5~18 行：定义函数，有两个参数，接收传入的星期名称，找出对应日期。

♦ 第 7~8 行：使用 if 语句来判断第 2 个参数是否为 None，如果是，就用 datetime 的 today() 方法取得今天的日期来作为开始日期。

♦ 第 10~12 行：将第 2 个参数通过 weekday() 方法，取得由 0 开始的星期数值，和存放星期名称的索引值做运算，用所得余数作为星期判断天数的依据。

♦ 第 13~14 行：若 lastweek 的余数为零，表示与指定日期相差 7 天。

♦ 第 16~17 行：将第 2 个参数指定的日期减去相差天数就能获得上周指定星期的日期。

7.6 显示日历 calendar 模块

calendar 模块提供日历功能，首先介绍 calendar() 方法，它可以输出整年的日历，其语法如下。

calendar(year, w = 2, l = 1, c = 6, m = 3)
prcal(year, w = 0, l = 0, c = 6, m = 3)

♦ year：指定公元年份。

♦ w 表示显示日期的列宽，l 表示"行高"，c 表示两个月份之间的宽度，m 则表示每行要输出的月份，默认值为 3。

♦ 使用 calendar() 方法要加上 print() 函数才可以输出正常的日历。而 prcal() 方法结合 calendar() 方法和 print() 函数，可直接输出日历。

下面用一个简单的例子来说明用 calendar() 和 prcal() 方法分别显示的年历有何不同！

```
import calendar    # 导入 calendar 模块
print(calendar.calendar(2017))
```

```
>>> print(calendar.calendar(2017))
                                 2017
         January                 February                 March
Mo Tu We Th Fr Sa Su    Mo Tu We Th Fr Sa Su    Mo Tu We Th Fr Sa Su
                   1           1  2  3  4  5           1  2  3  4  5
 2  3  4  5  6  7  8     6  7  8  9 10 11 12     6  7  8  9 10 11 12
 9 10 11 12 13 14 15    13 14 15 16 17 18 19    13 14 15 16 17 18 19
16 17 18 19 20 21 22    20 21 22 23 24 25 26    20 21 22 23 24 25 26
23 24 25 26 27 28 29    27 28                   27 28 29 30 31
30 31
```

◆ 调用 calendar() 方法，默认每行输出 3 个月的日历。

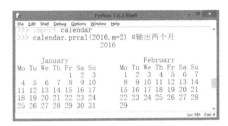

◆ 省略 print() 函数，调用 prcal() 方法，变更参数 "m = 2"，所以每行只输出 2 个月。

输出日历时，通常将星期一作为一周的开始，若想要变更从周几开始，可以使用 setfirstweekday() 方法，其语法如下。

setfirstweekday（weekday）

◆ weekday 表示星期名称，列举如下：MONDAY、TUESDAY、WEDNESDAY、THURSDAY、FRIDAY、SATURDAY 和 SUNDAY。

调用 setfirstweekday() 方法，指定日历的第一天是周日，再用 prcal() 输出年历。

```
import calendar    # 导入 calendar 模块
calendar.setfirstweekday(calendar.SUNDAY)
calendar.prcal(2015, c = 3, m = 2)
```

◆ 要使用 setfirstweekday() 方法，必须用 "calendar.SUNDAY" 将星期的第一天指定为星期日，这样输出时，会看到原用 "Mo" 开头的日历改成了 "Su"。

```
                 2017
      January               February
Su Mo Tu We Th Fr Sa   Su Mo Tu We Th Fr Sa
 1  2  3  4  5  6  7             1  2  3  4
 8  9 10 11 12 13 14    5  6  7  8  9 10 11
15 16 17 18 19 20 21   12 13 14 15 16 17 18
22 23 24 25 26 27 28   19 20 21 22 23 24 25
29 30 31               26 27 28
```

倘若只想输出某个月份，可以使用 month() 方法或 prmonth() 方法，语法如下。

month(theyear, themonth, w = 0, l = 0)

prmonth(theyear, themonth, w = 0, l = 0)

- theyear：指定公元年份。
- themonth：指定月份。
- w：设置列宽；i：设置行高。
- month() 方法和 prmonth() 方法之间的差异在于，month() 方法要配合 print() 函数来输出；而 prmonth() 则是结合 month() 方法和 print() 函数，可直接输出。

下述范例是使用 month() 方法配合 print() 函数输出 2017 年 5 月的日历。

```
>>> print(calendar.month(2017, 5))
      May 2017
Su Mo Tu We Th Fr Sa
    1  2  3  4  5  6
 7  8  9 10 11 12 13
14 15 16 17 18 19 20
21 22 23 24 25 26 27
28 29 30 31
```

直接用 promonth() 输出某个月份的日历，加入参数 w 和 l 来增加列宽和行高。

```
>>> print(calendar.prmonth(
       2017, 4, w=2, l=1))
      April 2017
Su Mo Tu We Th Fr Sa
                   1
 2  3  4  5  6  7  8
 9 10 11 12 13 14 15
16 17 18 19 20 21 22
23 24 25 26 27 28 29
30
None
```

此外，calendar 也提供两个方法来处理闰年的问题，语法如下。

isleap(year)

leapdays(y1, y2)

- isleap() 方法用来判断输入年份是否为闰年，参数为 year，用布尔值返回结果。如果是闰年，会返回 True。
- leapdays() 方法用来判断两个年份之间有几个闰年。

下面通过一个简单的范例来了解。

import calendar   # 导入 calendar 模块
calendar.isleap(2012)
calendar.leapdays(1900, 2017)
	输出
	True
	29

章节回顾

- 什么是模块（Module）？简单来说就是一个Python文件。模块中包含运算、函数与类。
- 如何区别 Python 文件和用于模块的文件？很简单，一般的 .py 文件要通过解释器才能运行。若是模块，则要通过 import 语句将文件导入才能使用。
- 若只想使用某个模块中的某个方法，可以用 from 语句开头，通过 import 语句指定方法名。
- Python 的模块 sys 可以对操作环境作测试，属性 argv 如果未加入索引，则接收的参数放入 List 中；如果加上索引则须依序填入数据但不会放入 List 中。
- Python 运行环境会随着对象的产生加入不同的"命名空间"。内置函数 dir() 无参数时输出目前区域范围，加入参数则可查看某个对象的属性项。
- 直接运行某个 .py 文件，'__name__ 属性若为"__main__"，表示它是主模块。用 import 语句来导入此文件，则属性 __name__ 会被设置为模块名称。
- random 模块包含随机数相关的方法，它作用于序列对象。其中，choice() 方法可以从序列中随机挑选一个数值；shuffle() 方法会将序列中元素的顺序打乱；sample() 方法能随机从序列中选取多个元素。
- time 模块表示一个绝对时间。由于它来自 UNIX 系统，计算从 1970 年 1 月 1 日零时开始到当前的时间，以秒数为单位，这个值称为"epoch"。
- 要取得目前的时间，time 模块有两种方式：①以字符串输出，使用 asctime() 方法或 ctime() 方法。②以时间结构来输出，使用 gmtime() 或 localtime() 方法。
- datetime 模块用来处理日期和时间，有两个常数：① datetime.MINYEAR 表示最小年份；② datetime.MAXYEAR 表示最大年份，默认值"MAXYEAR = 9999"。
- calendar 模块提供日历功能，prcal() 方法结合了 calendar() 方法和 print() 函数，可直接输出日历。

自我评价

一、填空题

1. 导入模块时，import 语句之后的 as 语句，其作用是_____。

2. 如果只想使用某个模块的某个方法，可以用_____开头，通过 import 语句指定对象名。

3. 要查看目前所在环境的命名空间，可使用内置函数_____。

4. Python 的模块 sys 提供操作环境的相关测试；属性 argv 未加入索引，接收的参数放入_____。

5. 想要取得模块的运行路径，可调用 sys 模块_____查看；要新增路径，则可调用_____所在路径为参数。

6. 取随机数的 random 模块中，_____方法可产生 0~1 的浮点数，_____方法可指定范围来产生整数，_____方法能打乱序列对象中元素的顺序。

7. datetime 模块的 date 类，其构造函数有 3 个参数，分别是：_____、_____、_____。

8. datetime 模块的 date 类，其方法 isocalendar() 能输出_____、_____、_____的数据，方法_____能置换年、月、日的资料。

9. calendar 模块的_____方法结合了 calendar() 方法和 print() 函数，可直接输出日历。

二、实践题

1. 导入 random 模块，生成一个随机数，如果它能被 3 整除，则作为元素添加至 List 对象，并输出排序前、排序后（递减）的结果。

2. 利用 time 模块，输出下列格式的时间

```
日期 2017-09-04 第 36 周
时间 17:22:01 PM
```

3. 参考范例 CH0710，将它变成模块，在 Python Shell 互动模式下导入后，输入出生日期，计算并输出年龄。

```
Lab_CH07_Ex2_3_Age.py
请输入出生的年、月、日->1985, 3, 12
年龄 32.91
```

第 8 章

GUI 界面

章节导引	学习目标
8.1 浅谈面向对象机制	能从面向对象程序设计的观点来认识类和对象；理解对象的继承
8.2 使用 tkinter 控件	能用 tkinter 空间写一个简单的窗口程序，生成主窗口
8.3 控件与版面管理	掌握以 Frame 为容器，加入标签、按钮控件的方法

8.1 浅谈面向对象机制

在探索 GUI 之前，我们先用较为浅显的概念来介绍"面向对象"。"面向对象"（Object Oriented）是指将真实世界的事物模块化，主要目的是提高软件的可重用性和可读性。简单来说，就是"将脑海中的对事物的抽象描绘以对象方式呈现出来"。

大家都知道，盖房屋之前要设计蓝图，蓝图不是房子，但是它反映了房屋建好后的真实面貌。因此，可以把类视为对象的设计蓝图，根据设计蓝图盖房子这个过程就是实例化（Instantiation），实例化后得到的对象，又称作"实例"（Instance）或实体。类可以生成不同状态的对象，它们都是独立的实例。类（Class）提供操作对象的模型，在编写程序时，必须先声明类，并设置该类所拥有成员的属性和方法。

Python 是面向对象程序语言，根据官方的说法，它的类综合了 C++ 以及 Modula-3 的特点。具有以下两点特性。

- Python 所有的类（Class）与其包含的成员都是 public，使用时不用声明该类的类型。
- 采用多重继承，派生类（Derived class）可以使用基类（base class）中的方法（method），也能重写（Override）基类（base class）中的方法。

· 8.1.1 建立类

类由类成员（Class Member）组成，使用之前要进行定义，其语法如下。

```
class ClassName:
    # 定义初始化内容
    # 定义 methods
```

- class：使用关键词建立类，配合冒号"："生成 suite。
- ClassName：建立类使用的名称，同样必须遵守标识符的命名规则。
- 定义方法（method）时，跟前面介绍过的自定义函数一样，需要使用 def 语句。

下面来建立一个空类。

```
class student:
    pass
```

- 建立 student 类，使用 pass 语句表示什么事都不做。

Python 类的特性有以下几点。

- 每个类都可以实例化多个对象：由类生成的新对象，都能获得自己的命名空间，能独立存储数据。

- 经由继承扩充类的属性：生成类后，可建立命名空间的扩充架构，类外部能重新定义属性来扩充类。

- 运算符重载（overload）：对于类创建的对象，可以通过重写类的方法重新定义运算符操作，如切片、索引等。

· 8.1.2 定义方法

在定义类的过程中可以加入属性和方法（Method），再用对象来调用其属性和方法。其方法的特点如下。

- 它只能定义于类内部。
- 只有实例化为对象才会被调用。

如何在类里定义函数呢？跟第 6 章介绍自定义函数的语法一样，以关键词"def"开头。根据 Python 程序语言使用的惯例，定义方法的第一个参数必须是自己，习惯上使用 self 表达，它代表建立类后实例化的对象。self 类似其他语言中的 this，指向对象本身。下面用一个简单的范例来说明定义类的做法。

■ 范例 CH0801.py——说明类，定义方法

Step 01 新建空白文档，输入下列程序代码。

```
01   class Motor:
02      # 定义方法一：取得名称和颜色
03      def buildCar(self, name, color):
04         self.name = name
05         self.color = color
06      # 定义方法二：输出名称和颜色
07      def showMessage(self):
08         print(' 款式 :{0:6s}, 颜色 :{1:4s}'.format(
09            self.name, self.color))
10
11   # 生成对象
12   car1 = Motor()# 对象 1
13   car1.buildCar('Vios', ' 极光蓝 ')
14   car1.showMessage() # 调用方法
15   car2 = Motor()# 对象 2
16   car2.buildCar('Altiss', ' 炫魅红 ')
17   car2.showMessage()
```

Step 02 保存文件，按【F5】键运行。

程序解说

- 第1~9行：建立 Motor 类，定义了两个方法。
- 第3~5行：定义第一个方法，用来取得对象的属性。跟定义函数相同，使用 def 语句开头。方法中的第一个参数要用 self 语句，它类似其他程序语言的 this。如果没有加 self 语句，用对象调用此方法时会发生错误（TypeError）。
- 第4、5行：将传入的参数通过 self 语句作为该对象的属性值。
- 第7~9行：定义第二个方法，用它来输出对象的相关属性值。
- 第11~13行：生成对象并调用其方法。

提示 方法中的第一个参数 self

- 定义类时所有的方法都必须声明。
- 当对象调用方法时，Python 解释器会对它的值进行传递。

8.1.3 类实例化

类的实例化（Implement）指的就是生成对象，有了对象就可以进一步使用类里所定义的属性和方法，其语法如下。

对象 = ClassName(参数列表)
对象 . 属性 对象 . 方法 ()

- 对象名称同样要遵守标识符的命名规则。
- 参数列表可根据对象初始化的输入内容进行选择。

所以建立类后，可以生成相应类的对象。

```
class student:  # 建立 student 类
  . . .
mary = student()  # 生成第一个对象
tomas = student()  # 生成第二个对象
```

上述例句可视为"建立 student 类的实例对象，并将该对象赋值给局部变量 mary 和 tomas"。通常定义于方法内的变量，属于局部变量，离开此适用范围（Scope）就结束了生命周期。此外，定义类的方法会使用一个特别的词 self（此处用 self 语句来称呼它）。虽然 self 不做任何参数的传递，但 self 语句的加入，会使其他参数变成对象属性，可以让方法之外的对象来调用。

```
class student:   # 建立类
  def display(self, name, sex):   # 定义方法
    self.name = name   # 对象属性
    self.sex = sex
```

所以将参数 name 的值传给"self.name"，会让一个普通的参数转变成对象属性，并由对象来调用。此外，定义类之后，还能根据需求传入不同类型的资料，用下述示例说明。

■ 范例 CH0802.py——类的方法调用一

Step 01 在 Python Shell 模式下，单击菜单"File"下的"New File"子菜单命令，新建空白文档。

Step 02 输入下列程序代码。

```
class Student:
  def message(self, name): # 方法一
    self.data = name
  def showMessage(self):   # 方法二
    print(self.data)
s1 = Student()# 第一个对象
s1.message('James McAvoy')  # 调用方法时传入字符串
s1.showMessage()
s2 = Student()# 第二个对象
s2.message(78.566)        # 调用方法时传入浮点数
s2.showMessage()
```

◆ 定义 message() 方法，由 self 将传入的参数 name 设为对象的属性。

◆ 定义 showMessage() 方法，输出此对象的属性。

◆ Python 采用动态类型，对象会因传入数据的类型不同而不同。第一个对象 s1 是用字符串为参数类型；第二个对象 s2 是以浮点数为参数类型。

同样，定义类时，也可以用其方法传入参数，完成计算返回其值，下面通过范例来介绍。

■ 范例 CH0803.py——类的方法调用二

<kbd>Step 01</kbd> 在 Python Shell 模式下，单击菜单"File"下的"New File"子菜单命令，新建空白文档。

<kbd>Step 02</kbd> 输入下列程序代码。

```python
class student:
    def score(self, s1, s2, s3):
        return (s1 + s2 + s3)/3
# 生成对象
vicky = student()
# 调用 score() 方法并传入参数
average = vicky.score(98, 65, 81)
print('Vicky 平均分数: ', format(average, '.3f'))
```

◆ 建立 Student 类，只定义一个方法，接收 3 个参数值，计算后用 return 语句输出其平均值。

◆ 生成 vicky 对象，调用 score() 方法传入 3 个参数。

· 8.1.4 先创建再初始化对象

通常定义类的过程中可将对象初始化，其他的程序语言一般会用一个步骤来完成创建和初始化，并且通常采用构造函数（Constructor）。Python 程序语言则不同，它通过两个步骤来实现。

- 步骤 1：调用特殊方法 __new__() 创建对象。

- 步骤 2：调用特殊方法 __init__() 完成对象初始化。

__new__() 方法调用 cls 类创建新的对象，先来看看它的语法。

```
object.__new__(cls[, ...])
```

◆ object：类实例化所生成的对象。

◆ cls：建立 cls 类的实例，传入用户自行定义的类。

◆ 其余参数可作为创建对象。

创建对象由 __new__() 方法决定，采取两种措施。

- 第一个参数输出类实例（即对象），会调用 __init__() 方法继续运行（如果有定义的话），第一个参数会指向所输出的对象。

- 第一个参数未输出其类实例（输出别的实例或 None），则 __init__() 方法即使已定义也不会运行。

由于 __new__() 本身是一个静态方法，它几乎涵盖了构造对象的所有要求，所以 Python 解释器会自动调用它。但是对象初始化，Python 会要求重载（Overload）__init__() 方法。下面是其语法。

object.__init__(self[, ...])

- ◆ object 为类实例化所产生的对象。
- ◆ 使用 __init__() 方法的第一个参数必须是 self 变量，接续的参数可根据实际需求来覆盖（override）此方法。

下面用一个简单的例子来说明方法 __new__() 和 __init() 两者之间的连动变化。

■ 范例 CH0804.py——初始化对象的两个方法

Step 01 新建空白文档，输入下列程序代码。

```
01  # 声明类
02  class newClass:
03    #__new__() 创建对象
04    def __new__(Kind, name):
05      if name != '' :
06        print(" 对象已创建 ")
07        return object.__new__(Kind)
08      else:
09        print(" 对象未创建 ")
10        return None
11    #__init__() 初始化对象
12    def __init__(self, name):
13      print(' 对象初始化 ...')
14      print(name)
15  # 生成对象
16  x = newClass('')
17  print()
18  y = newClass('Second')
```

Step 02 保存文件，按【F5】键运行。

程序解说

◆ 第 4~10 行：定义 __new__() 方法。参数"Kind"用来接收实例化的对象，参数"name"则是在创建对象时传入其名称。

◆ 第 5~10 行：使用 if/else 语句做条件判断，如果在创建对象时，有字符串传入，会提示"对象已创建"，否则提示"对象未创建"。

◆ 第 12~14 行：定义 __init() 方法，第二个参数"name"必须与 __new__() 的第二个参数相同。

◆ 第 16、18 行：有 x、y 两个对象，对象 x 的参数为空字符串，所以会输出 None，显示"对象未创建"，而对象 y 则传入字符串，所以它调用了 __new__() 方法，创建对象之后继续运行 __init__() 方法。

◆ 通过定义 __new__() 方法可以认识如何创建对象并进行初始化。由于对象 y 带入参数，__new__() 方法输出的第一个参数是类实例，就会继续运行 __init__() 方法。因此，方法 __new__() 与 __init__() 应具有相同个数的参数；若两者的参数不相同，同样会引发错误 TypeError。

对象要经过初始化程序才能运行。大家一定很好奇！先前的范例并未使用方法 __new__() 和 __init__()，要如何初始化对象？很简单！类实例化（生成对象）时，Python 解释器会自动调用它；就如同其他程序语言自动调用预设构造函数，其道理是相同的。

· 8.1.5 有关于继承

继承（Inheritance）是面向对象技术中的一个重要概念。继承机制是利用现有类衍生出新的类所建立的扩展结构。通过继承，已定义的类可以新增、修改原有的方法或属性。

Python 采用"多重继承"（multiple inheritance）机制。继承关系中，如果基类同时拥有多个父类，称为"多重继承"机制，也就是子类可能在"双亲"之外还有"义父"或"义母"。相反，如果子类只有一位"父亲"或"母亲"（单亲），就是"单一继承"机制。

对于 Python 来说，要继承另一个类，只要定义类时指定某个已存在的类名称即可，下面来了解它的语法。

```
class DerivedClassName(BaseClassName):
    <statement-1>
    . . .
    <statement-N>
```

◆ DerivedClassName：要继承其他类的类名称，称为衍生类或子类，其名称必须遵守标识符的命名规则。

◆ BaseClassName：括号之内是被继承的类名称，称基类或父类。

下面用一个范例来说明类之间是如何产生继承关系的。

■ **范例 CH0805.py——类的继承**

`Step 01` 在 Python Shell 模式下，单击菜单 "File" 下的 "New File" 子菜单命令，新建空白文档。

`Step 02` 输入下列程序代码。

```
class Father:    # 生成父类 或称 基类
    def walking(self):
        print(' 多走路有益健康 !')
# 生成子类 或称 衍生类
class Son(Father):
    pass
# 生成子类实例 – 即对象
Joe = Son()
Joe.walking()
```

◆ 先定义一个基类（或父类）Father，内含方法 walking()。

◆ 再定义另一个子类（或称衍生类）Son，括号内是另一个类名称 Father，表示 Son 类继承了父类 Father。

◆ 生成子类实例，它可以调用父类的方法 walking()。

8.2 使用 tkinter 控件

tkinter 是 Python 标准函数库所附带的 GUI 套件，可配合 Tk GUI 工具箱来建立窗口的相关控件。tkinter 支持跨平台，Windows、Linux 和 Mac 都可使用。tkinter 用起来非常简单，Python 自带的 IDLE 就是用它写的。tkinter 模块除了具有基本的控件之外，还有两个扩充模块。

● tkinter.tix 模块：主要是一些扩展控件。

● tkinter.ttk 模块：主要是一些主题控件。

8.2.1 踏出 GUI 第一步

tkinter 控件本身就是 Python 模块，在 Python Shell 互动模式下，用 import 语句导入就可以使用。如果不太确定，想要进一步检查，可在 cmd 窗口输入下述命令来确认。

```
>python -m tkinter
```

按下【Enter】键后，弹出【tk】新窗口，表示 tkinter 控件在 Python 中使用是没有问题的，单击【QUIT】按钮，关闭此窗口。

利用 tkinker 控件来建立 GUI 接口，分为以下 4 个步骤。

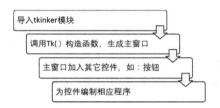

我们通过下述范例来体验一下 tkinker 控件的魅力吧！

■ 范例 CH0806.py——使用 tkinker 控件

Step 01 新建空白文档，输入下列程序代码。

```
01   from tkinter import Tk, Label # step 1: 导入 tkinter 模块
02   # step 2: 生成 Tkinter 主窗口对象 - root
03   root = Tk()
04   # step 3: 主窗口加上一个卷标来显示文字
05   lblShow = Label(root, text = 'Hello Python!!',
06       width = 20, height = 4, fg = 'white', bg = 'gray')
07   # step 4: pack() 方法做版面管理
08   lblShow.pack()
```

Step 02 保存文件，按【F5】键运行。

程序解说

◆ 第 1 行：导入模块；如果没有任何异状，表示 tkinter 模块可以使用。

◆ 第 3 行：首先要用 Tk() 构造函数生成一个主窗口对象 root（习惯用法）。在对话模式下，按下【Enter】键之后，就可以看到一个窗口出现在画面上。

◆ 第 5~6 行：加上一个卷标，并设置其相关属性值。

◆ 第 8 行：调用 pack() 方法，将 Label 控件放入主窗口对象进行版面配置；若未调用 pack() 方法，Label 就无法在主窗口中展示。

8.2.2 建立主窗口

创建 GUI 接口的步骤中，建立主窗口对象要调用其构造函数 Tk()，它的语法如下。

```
tkinter.Tk(screenname = None, baseName = None,
    className = 'Tk', useTk = 1)
```

◆ className：使用的类名称。由于所有的参数都有默认值，即使不设参数值也能生成一个主窗口对象。

有了主窗口之后，才能通过它调用相关方法，常用方法如下。

● title('str') 方法：在主窗口对象标题行显示文字，例如"root.title（'Python GUI）"。

● resizable(FALSE, FALSE) 方法：重设主窗口对象大小。

● minsize(width, height) 方法：主窗口对象最小化时的宽和高。

● maxsize(width, height) 方法：主窗口对象最大化时的宽和高。

● mainloop() 方法：产生提示循环，让子控件在主窗口环境中运行。

● destroy() 方法：清除主窗口对象，释放资源。

跟我们平时用的软件相同，当窗口最大化或最小化时，可能停留在任务行。有 3 个方法与主窗口状态有关，但它们彼此之间互斥，也无法与 geogetry() 方法同时使用，所以在使用时要注意。

- state('str') 方法：用字符串显示窗口状态。
- iconify() 方法：将主窗口对象最小化到任务行。
- deiconify() 方法：从任务行还原窗口。

设置主窗口对象的大小和位置要调用 geometry() 方法，其语法如下。

geometry('widthxheight±x±y')

- ◆ 参数的 width（宽）、height（高）以及 x、y（坐标）都以像素（pixel）为单位。
- ◆ 参数 x：主窗口以屏幕左上角为原点。用数值来表达左、右（水平）两侧距离。左侧使用正值"+25"，主窗口会出现在屏幕左侧；右侧使用负值"−25"，则主窗口出现在屏幕右侧。
- ◆ 参数 y：主窗口和屏幕顶、底（垂直）两端距离。顶端用正值"+25"；底部用负值"−25"。
- ◆ width、height：主窗口的宽和高。

下面以范例来简单介绍如何使用 geometry() 方法设置主窗口大小和位置。

■ 范例 CH0807.py——geometry() 方法

Step 01 新建空白文档，输入下列程序代码。

```
01  # step2. 建立主窗口对象，标题行显示文字
02  wnd = Tk()
03  wnd.title('Main Window')
04  # 设置窗口大小
05  wnd.geometry('220x150+5+40')
06  # 设置两个标签
07  little = Label(wnd, text = 'Label: First',
08      bg = 'skyblue').pack()
09  bigger = Label(wnd, text ='Label: Second',
10      bg = 'pink').pack()
11  wnd.mainloop()
```

Step 02 保存文件，按【F5】键运行。

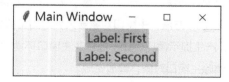

程序解说

◆ 第 3 行：要在主窗口标题行显示文字，需要由主窗口对象调用 title() 方法。

◆ geometry() 设置主窗口对象大小，需要用字符串的方式设置宽和高，以及 x 和 y 坐标。由于 x、y 坐标为正值，表示运行此程序时，主窗口会出现在屏幕左上角。

8.2.3 tkinter 控件

下表列举了常见的 tkinter 控件。

控件名称	简介
Button*	按钮
Canvas	提供图形绘制的画布
Checkbutton*	复选按钮
Entry*	单行文本框
Frame*	框架，可将不同控件合成在一起
Label*	标签框，显示文字或图片
Listbox	列表框
Menu	菜单
Menubutton*	菜单控件
Message	对话框
Radiobutton*	单选按钮
Scale*	滑杆
Scrollbar*	滚动条
Text	多行文本框
Toplevel	建立子窗口容器

上表所列控件本身都是类，控件名称含有 * 字符的，表示它们是继承自 widgets 类的子类。在面向对象机制的运行下，都要通过这些类来创建对象，它们都有属性和方法。

8.2.4 撰写一个简单的窗口程序

要使用 tkinter 控件来撰写 GUI，必须以继承机制来建立相应的子类。在下述范例中，会建立一个 wndApp 类，它继承自 Frame 类。Frame 类在初始化过程中，会调用自己的 __init__() 方法，所以形成的主窗口内有 Frame，而 Frame 内的左右两侧各有一个按钮（Button），单击左侧按钮会显示今天的日期，单击右侧按钮则会关闭主窗口。

范例 CH0808.py——简单的窗口程序

Step 01 新建空白文档，输入下列程序代码。

```
01    from tkinter import Tk, Frame, Button
02    from datetime import date # 导入 datetime 模块的 date 类
03    # 声明类
04    class wndApp(Frame):
05       # 方法一：初始化对象
06       def __init__(self, ruler = None):
07          Frame.__init__(self, ruler)
08          self.pack()    # 加入主窗口版面
09          self.makeComponent()
10       # 方法二：定义按钮控件的相关属性
11       def makeComponent(self):
12          self.day_is = Button(self)
13          # 按钮上要显示的文字
14          self.day_is['text'] = ' 我是 按钮 \n(Click Me..)'
15          # 按下按钮由 command 运行动作，此处调用方法 display()
16          self.day_is['command'] = self.display
17          self.day_is.pack(side = 'left')
18          self.QUIT = Button(self, text = 'QUIT',
19             fg = 'blue', command = wnd.destroy)
20          self.QUIT.pack(side = 'right')
21       # 方法三：按下按钮后会用 date 类调用 today() 显示今天的日期
22       def display(self):
23          today = date.today()
24          print('Day is', today)
25    # 调用 Tk() 构造函数生成主窗口
26    wnd = Tk()
27    work = wndApp(ruler = wnd)
28    work.mainloop()
```

 保存文件，按【F5】键运行。

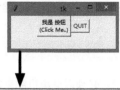

```
RESTART: D:\PyCode\CH08\CH0806.py
Day is 2017-09-06
```

程序解说

◆ 第 4~24 行：定义类 wndApp，它继承自 Frame 类。它有 3 个方法：__init__()、

makeComponent()、display()。

◆ 第6~9行：wndApp 类本身的 __init__() 方法。Frame 本身是容器，初始化时会调用主窗口对象(wnd)，并用 pack() 方法把自己加入主窗口，这样才能调用 makeComponent() 方法，并加入两个按钮。

◆ 11~20 行：makeComponent() 方法用来设置控件的相关属性值，目前有两个按钮分置 Frame 的左、右侧。左侧按钮的属性"text"可以设置显示在按钮上的文字；"command"调用方法"display()"，它是单击按钮所运行的程序，会在画面上显示今天的日期。右侧按钮则调用 destroy() 方法，单击会关闭主窗口并释放内存资源。

◆ 第23行：用 Tk() 构造函数生成主窗口对象 wnd。

◆ 第27行：实例化 wndApp 类，用主窗口对象对参数进行初始化，然后加入 Frame 控件，再由 Frame 加入两个按钮。

◆ 第28行：work 对象调用 mainloop() 方法让窗口程序开始运行。

8.3 控件与版面管理

建立 GUI 时，通常要有一个容器来放入所需控件。容器可能是 Tk 类生成的主窗口对象。8.2.3 小节的表中已经列举了 tkinter 的控件，接下来就介绍其中一些常用控件的属性和方法。

8.3.1 Frame 为容器

除了主窗口之外，通常会用 Frame 作为基本容器来容纳控件。下面先看看它的语法。

```
w = Frame(master = None, option, ...)
```

◆ master：指父类的控件。

◆ option：可选参数，大部分是与 Frame 有关的属性，如下表所示。

属性	说明
background	设背景色，可以（bg）取代
relief *	设置框线样式，默认值（'flat'）或（FLAT）
borderwidth *	设框线宽度，可以（bd）取代
cursor	鼠标停留在 Frame 上所显示的指针形状
height	Frame 高度
width	Frame 宽度

通常在设置了 bd(borderwidth) 的值之后，还需要用 relief 属性来设置框线的样式，否则只有 bd 值在控件上是看不到效果的。relief 共有 6 个常数值：RAISED、FLAT、

SUNKEN、RAISED、GROOVE、RIDGE。设置时可以将英文单词全部大写"relief = SUNKEN"，或者全部小写，并以字符串的方式设置参数值。

"relief = 'sunken'"。下述范例在主窗口的标题行显示文字。

■ 范例 CH0809.py——主窗口加入容器

Step 01 新建空白文档，输入下列程序代码。

```
01   from tkinter import *
02   # 建立 Frame 子类
03   class appWork(Frame):
04       def __init__(self, master = None):
05           Frame.__init__(self, master)
06           self.pack()
07   # 生成 Frame 子类对象
08   work = appWork()
09   # 显示于窗口标题行
10   work.master.title('Python GUI')
11   work.master.maxsize(500, 250)
12   # 窗口提示初始化
13   work.mainloop()
```

Step 02 保存文件，按【F5】键运行。

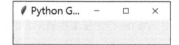

程序解说

◆ 第 3~6 行：建立一个 appWork 子类，它继承自 Frame 类，初始化时没有主窗口对象，用属性 master 作为参数去调用父类 Frame 的 __init__() 方法，再用 pack() 方法纳入版面。

◆ 第 10、11 行：实例化 appWork 类后，因为对象 work 的 master 属性本身也是一个对象，所以可以用 master 属性去调用 title() 方法和 maxsize() 方法进行相关设置。

8.3.2 Button 控件

Button 控件可以用来设置按下按钮之后需要做的动作，它会用属性"command"设置回调函数。下表列举了 Button 类的相关属性。

属性	说明
anchor	按钮上文字的对齐方式
background	设背景色,可以(bg)取代
foreground	设前景色,可以(fg)取代
bitmap	按钮上显示的图片
relief	设置框线的样式
font	设置按钮的字体
command	按下按钮的回调函数
cursor	鼠标移动到按钮上的指针样式
state	按钮状态有3种:NORMAL、ACTIVE、DISABLED
width	控件宽度
justify	文字对齐方式

Button 类的 state 属性为按钮提供 3 种状态,并用常数值表示。

- normal:一般按钮(下图第一行)。

- active:有效的按钮(下图第二行)。

- disabled:按钮无效,也就是按钮的作用失效(下图第三行)。

按钮的 3 种状态,如下图所示。

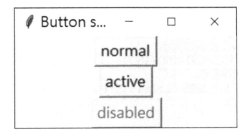

按钮状态的范例如下。

■ 范例 CH0810.py——窗口按钮状态控制

Step 01 在 Python Shell 模式下,单击菜单"File"下的"New File"子菜单命令,新建空白文档。

Step 02 输入下列程序代码。

```
from tkinter import *
# 调用 Tk() 构造函数生成主窗口
wnd = Tk()
# 显示主窗口标题行的文字
wnd.title('Button state...')
#Button 属性 state 的常数值
state = ['normal', 'active', 'disabled']
#for 循环配合 state 参数值显示按钮状态
for item in state:
   btn = Button(wnd, text = item, state = item)
   btn.pack()    # 以控件加入主窗口
wnd.mainloop()
```

* 用属性state显示按钮状态。其中的"disabled"会让按钮呈灰色状态显示，表示按钮无效。

■ 范例 CH0811.py——按钮上让数字递增

Step 01 新建空白文档，输入下列程序代码。

```
01   from tkinter import *
02   # 调用 Tk() 构造函数生成主窗口
03   root = Tk()
04   # 方法 title() 显示主窗口标题行的文字
05   root.title(' 秒数计算中 ...')
06   # 调用 geometry() 设窗口大小
07   root.geometry('100x100+150+150')
08   counter = 0 # 储存数值
09   # 自定义函数一：显示标签（Label）控件
10   def display(label):
11      counter = 0
12      # 自定义函数二
13      def count():
14         global counter # 全局变量
15         counter += 1
16         label.config(text = str(counter),
17            bg = 'pink', width = 20, height = 2)
18         label.after(1000, count)
19      count()
20   # 设置标签并把它放入主窗口
21   show = Label(root, fg = 'gray')
22   show.pack()
23   display(show)
24   # 设置按钮
```

```
25  btnStop = Button(root, text = 'Stop',
26      width = 20, command = root.destroy)
27  btnStop.pack()
28  root.mainloop()
```

Step 02 保存文件，按【F5】键运行。

程序解说

◆ 第 10~19 行：定义第一个 display() 方法，接收传入的标签，变更显示的值。

◆ 第 13~18 行：定义第二个 count() 方法，将全局变量每次累加 1，它的值显示在所传入的标签上。

◆ 第 5~26 行：创建一个按钮。按下按键时，会由属性 command 去调用主窗口对象 root 的 destory() 方法来停止标签的更新并关闭窗口。

8.3.3 显示文字的标签

Label（标签）的作用就是显示文字，下面先来了解一下它的语法。

```
w = tk.Label(parent, option, ...)
```

◆ parent：要加入的容器。

◆ option：可选参数如下表所示。

属性	说明
text	标签中要显示的文字，使用（\n）换行
anchor	标签里文字的对齐方式
background	设背景色，可以（bg）取代
foreground	设前景色，可以（fg）取代
borderwidth	设框线宽度，可以（bd）取代

续表

属性	说明
bitmap	标签指定的位图片
font	设置标签的字体
height	标签高度
width	标签宽度
image	标签指定的图片
justify	标签有多行文字的对齐方式

设置字体时，用 Tuple 对象来表示 font 元素。

```
font =('Verdana', 14, 'bold', 'italic')
```

◆ tuple 元素包括字体名称，字的大小，字体中是否要加入粗体（bold）或斜体（italic）。除了字的大小之外，其余都需要用字符串的形式来设置。

■ 范例 CH0812.py——在第 3 个标签上加载图片

Step 01 新建空白文档，输入下列程序代码。

```
01    from tkinter import *
02
03    wnd = Tk() # 建立主窗口对象
04    photo = PhotoImage(file = '001.png')    # 建立图片
05    # 标签 – bg 设背景色
06    t1 = Label(wnd, text = 'Hello\n Python', bg = '#78A',
07        fg = '#FF0', relief = 'groove', bd = 2,
08        width = 15, height = 3, justify = 'right')
09    t2 = Label(wnd, text = ' 世界 ', width = 6, height = 3,
10        relief = RIDGE, bg = 'pink', font = (' 标楷体 ', 16))
11    t3 = Label(wnd, image = photo, relief = 'sunken',
12        bd = 5, width = 180, height = 150)
13    t1.grid(row = 0, column = 0)
14    t2.grid(row = 0, column = 1)
15    t3.grid(columnspan = 2)
```

Step 02 保存文件，按【F5】键运行。

程序解说

◆ 有3个标签；第1个和第2个标签放在版面第一行；第3个标签放在第二行，加载图片。

◆ 第4行：用 PhotoImage() 构造函数来加载图片，图片必须与范例文件在同一目录中。

◆ 第11行：将取得的图片 photo 作为标签的属性 image 的属性值。

◆ 第13~15行：使用 grid() 方法对3个标签进行版面配置，属性 columnspan 将两列合并起来放置第三个标签。

提示

设置颜色时，除了可以使用颜色名称之外，还可以利用 RGB（红、绿、蓝）的16进位来表示，它的语法是（'#RGB'）。

• 举例：白色（'#FFF'）；黑色（'#000'）；红色（'#F00'）。

8.3.4 版面配置 – pack() 方法

上述范例都是先创建控件再调用 pack() 方法，由 tkinter 模块自行决定加入控件的位置。为了让版面具有排版效果，tkinter 模块提供了 Geometry managers，有两种常见方法。

• pack() 方法：由系统自己决定（无参数），或者用参数 side 设置控件的位置。

• grid() 方法：指定行、列属性来放置控件。

我们先以 pack() 方法为例进行讨论。版面管理使用 pack() 方法绝对是最简单的方式，可以使用无参数的 pack() 方法，让多个控件垂直排列，或者使用有参数的 pack() 来决定控件的位置。下面先介绍 pack() 方法的语法。

```
pack(**options)
```

◆ **options：可选参数，表示参数可根据需求来加入。

pack() 方法的参数众多，下面主要介绍对版面较有影响的4个参数：anchor、side、fill、expand。

• 参数 anchor 用来设置控件的对齐方式，共有9个参数值：n、 ne、 e、 se、s、sw、w、nw 和 center。如下表所示。

nw	n	ne
w	center	e
sw	s	se

223

- 参数 side 用来设置控件在主窗口的位置，共有 4 个参数值：top（顶）、bottom（底）、left（左）、right（右）。同样地，它们也可以用常数（字符全部大写）和字符串（字符全部小写）来表示。

- 参数 fill 决定控件是否要填满 master（父）窗口。它也有 4 个参数值：none（无）、x（水平色彩）、y（垂直填满）、both（水平、垂直都填满），默认值为 none。

- 参数 expend 可用于利用控件扩展父窗口的空间。展开空间之后，会将空间内的控件重新分配。但是，参数 expand 不能单独使用，必须配合参数 side 或 fill 一起使用。

下面用一个范例来说明 pack() 方法在无参数的情况下，多个控件是如何进行版面配置的。

■ **范例 CH0813.py——无参数 pack() 方法**

Step 01 新建空白文档，输入下列程序代码。

```
01   from tkinter import *
02
03   # Tk() 构造函数生成主窗口对象
04   root = Tk()
05   root.title(' 无参数 Pack() 方法 ')
06   # 设置标签的显示文字（text）、背景（bg）和前景（fg）颜色
07   lbla = Label(root, text = 'Gray', bg = 'gray',
08       fg = 'white').pack()    # 加入版面
09   lblb = Label(root, text = 'Yellow', bg = 'yellow',
10       fg = 'gray').pack()
11   lblc = Label(root, text = 'Orange', bg = 'orange',
12       fg = 'black').pack()
13   mainloop()
```

Step 02 保存文件，按【F5】键运行。

程序解说

- 第7~8行：建立标签控件，属性"text"设置显示于标签上的文字；属性"bg"设置背景色；"fg"设置前景色，再直接调用没有参数的pack()方法加入版面。

- 由于pack()方法无参数，所以3个标签会由上而下排列，它会受到参数anchor默认值的影响，以"CENTER"（居中）为原则。

除了参数side外，pack()方法还可以使用padx调整控件之间的水平间距，或使用pady参数调整控件之间的垂直间距。参考下述范例。

■ 范例 CH0814.py——使用 pack() 方法调整控件之间的间距

`Step 01` 在 Python Shell 模式下，单击菜单"File"下的"New File"子菜单命令，新建空白文档。

`Step 02` 输入下列程序代码。

```
lblb = Label(root, text = 'Green',
    bg = 'green', fg = 'white' ) .pack(
    side = 'right', padx = 5, pady = 10 )
```

Label 控件使用了 pack() 方法，参数 side 都设相同参数值 right。所以在加入第 2、3 个标签使用 pack() 方法时，应加入水平和垂直间距。

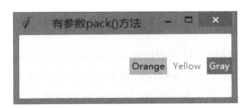

版面配置的第二种方法为 grid() 方法。简单地讲，就是采用画格子的方法，使用二维表格，用行、列来确定控件的位置。下面介绍几个较为常用的位置参数，说明如下。

- row（行）：设置数值来决定垂直的位置，由 0 开始。

- column（列）：设置数值来决定水平的位置，由 0 开始。

- columnspam 和 rowspam：用来合并行、列。

- sticky：控件的对齐方式，其设置值可参考先前所介绍的 anchor 属性，默认值是居中（center）。

无论是行或列都有 index 值，以 0 开始，所以"row = 0"代表第一行。范例 CH0814 有 3 个标签，用 grid() 方法排列时如下所示。

Label1 (row = 0, column = 0)	Label2 (row = 0, column = 1)
Labe3 (columnspan = 2)	

表示第二行的字段合并，所以参数"columnspan = 2"，语句如下。

```
label1.grid(row = 0, column = 0)
label2.grid(row = 0, column = 1)
label3.grid(columnspan = 2)
```

• 章节回顾

- 编写程序时，必须先定义类，设置类的成员属性和方法。有了类，还要"实例化"（Instantiation）对象，也称为"实例"（Instance）或实体。类可以生成不同状态的对象，每个对象也都是独立的实例。

- Python 是不折不扣的面向对象的程序语言，根据官方文档，Python 的类机制是 C++ 以及 Modula-3 的综合体。其特性有：① Python 所有类（Class）与其包含的成员都是 public，使用时不用声明该类的类型；②支持多重继承，派生类（Derived class）可以继承基类（base class）的所有方法，也可以重载（Override）基类（base class）的方法（method）。

- 定义类时可将对象初始化，其他的程序语言会将构造和初始化用一个步骤来完成，称为构造函数（Constructor）。Python 程序语言则通过两个步骤来完成：①构造对象采用特殊方法 __new__()；②初始化对象采用特殊方法 __init__()。

- Python 既支持"多重继承"机制，又支持"单一继承"机制。继承关系中，如果基类同时拥有多个父类，称为"多重继承"机制，也就是子类可能在双亲之外还有"义父"或"义母"。相反的是，如果子类只有一位"父亲"或"母亲"（单亲），就是"单一继承"机制。

- tkinter 是 Python 标准函数库所附带的 GUI 套件，可配合 Tk GUI 工具箱来建立窗口的相关控件。tkinter 支持跨平台，Windows、Linux 和 Mac 都可使用。

- 基本容器 Frame 可容纳控件。relief 属性用于设置框线的样式，但要有 broderwidth（bd）属性值。relief 的 6 个常数值为 RAISED、FLAT、SUNKEN、RAISED、GROOVE、RIDGE。

- 建立主窗口对象之后可调用相关方法：① title() 方法可在标题栏显示文字；

②mainloop()方法可让子控件运行；③destroy()方法可清除主窗口对象，并释放资源。

- pack()方法可进行版面管理，无参数pack()方法可让多个控件直向排列；参数side可决定控件位置；参数fill可填满父窗口；参数expand可扩展空间。

- Label（标签）的作用就是显示文字；Button控件的属性command处理按下按钮的回调函数；属性state设置按钮的3种状态：normal、active、disabled。

自我评价

一、填空题

1. 根据下列范例来回答问题。类是_____，对象是_____。

```
class Some:
    pass
one = Some()
```

2. 对象初始化，Python要实施两个步骤：①调用特殊方法_____创建对象；②再调用特殊方法_____初始化对象。

3. 继承关系中，基类同时拥有多个父类，称为_____机制。相反地，如果子类只有一位"父亲"或"母亲"（单亲），就是_____机制。

4. 用于GUI接口的tkinter控件有两个模块：①_____；②_____。

5. Frame类的属性relief，共有6个常数值：RAISED、_____、_____、_____、

_____、_____。

6. 生成主窗口对象时，调用_____方法能将主窗口对象最小化到任务行；_____方法能从任务行还原到屏幕上；_____方法能在标题行显示文字；_____方法能清除主窗口对象，释放资源。

7. 按钮有哪3种状态？_____、_____、_____。

8.pack()方法可进行版面配置，参数_____设置位置；参数_____填满父窗口；参数_____扩展空间。

二、实践题

1. 参考范例CH0801的做法，定义一个student类，并实例化下列对象。

```
名称:Mary ，女性
名称:Peter，男性
名称:Vicky，女性
```

2. 尝试用tkinter控件建立一个Frame，背景"橘色"、宽"120"、高"100"、框

粗"4"、框线样式"SUNKEN"。

3. 尝试用 Label 控件完成下列的 GUI 接口。

提示：导入 time 模块，采用 localtime()、strftime() 方法。

GUI 其他控件

9.1 接收文字的控件

文本框的作用就是接收用户输入的数据，Entry 用来接收单行文字，Text 用来接收多行文字。它们有些共同的属性，如下表所示。

属性	说明
background	设置背景色，可以用（bg）取代
foreground	设置前景色，可以用（fg）取代
borderwidth	设置边框线宽度，可以用（bd）取代
relief	设置框线的样式
font	设置定 Entry 的字体
selectbackground	设置选取文字的背景颜色
selectforeground	设置选取文字的前景颜色
textvariable	设置变量
show	隐藏字符的时候使用其他字符替代
state	设置其状态
width	文本框的宽度
justify	标签若有多行文字的对齐方式

· 9.1.1 接收单行文字的 Entry 控件

Entry 控件用来接收单行文字。下面通过一个范例来认识 Entry 控件的 show 属性。该属性在输入文字的时候，可以用来隐藏原有字符，改用其他字符显示。这种方式类似于在提款机取款时输入的密码不会显示出来，也就不会被其他人看到。

■ 范例 CH0901.py——Entry 控件

Step 01 新建空白文档，输入下列程序代码。

```
01   from tkinter import *
02   # 建立主窗口，grid() 方法配置版面
03   wnd = Tk()
04   # 设定 Entry
05   single = Entry(wnd, show = '*', font = ('Arial', 16))
06   single.grid(row = 0, column = 1)
07   lbl = Label(wnd, text = 'Password: ',
08       height = 4).grid(row = 0, column = 0)
```

```
09   single.focus_set()# 取得输入焦点
10   def callback():# 取得 Button 的 Command 提示
11     print('Your password:', single.get())
12   btn = Button(wnd, text = 'Send', width = 8,
13     command = callback)
14   btn.grid(column = 1)
```

Step 02 保存文件，按【F5】键运行。

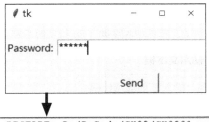

程序解说

◆ 第 5、6 行：产生 Entry 控件，属性 show 设为 "*"，表示在显示字符的时候，使用 "*" 替代，起到隐藏原字符的作用；再使用 grid() 方法将文本放在第 1 列第 2 字段的位置。

◆ 第 7~8 行：产生 Label，使用 grid() 方法将其放在第 1 列第 1 字段。

◆ 第 10~11 行：取得按钮属性 Command 信息，再通过 Entry 的 get() 属性，获取用户在 Entry 中输入的内容，并用字符串的方式输出。

◆ 第 12~13 行：建立 Button（按钮）控件。

9.1.2 接收多行文字的 Text 控件

Text 控件用来接收多行文字，它的属性和 Entry 控件大多相同。此外，该控件也属于一个类。下面介绍 Text 控件的一些使用方法，其常用方法的语法如下。

● delete(start, end = None)方法：用来删除参数 start（开始）到参数 end（结束）之间的字符。

插入字符可使用 insert() 方法，其语法如下。

```
insert(index, text, *tags)
```

◆ index：根据索引值插入字符。有 3 个常数值：insert、current（目前位置）和 end（最后一个字符）。

◆ text：要插入的字符。

◆ tags：自行定义语法。它把相关属性做集结后再给予一个名称，当使用 Text 对象时，可指定这个定义的名称。

参数 Tags 自定义语法的方法可参照下面这个例子。

```
text.tag_config('n', background = 'yellow',
    foreground = 'red')
text.insert(contents, 'n'))
```

◆ 'n'是要做传递的名称，需以字符串的形式输出；然后用"属性＝属性值"做设定。属性 background、foreground、borderwidth 必须使用完整名称。

◆ 使用控件的 insert() 方法，可以加入参数 Tags 指定的名称"'n'"。

■ 范例 CH0902.py——使用文本框

Step 01 新建空白文档，输入下列程序代码。

```
01   from tkinter import *
02
03   root = Tk()
04   root.title('Text 控件 ')
05   txt = Text(root, width = 40, height = 10)
06   txt.pack()
07   # 用 tag_config 设定 Text 的属性来各别使用
08   txt.tag_config('ft_bold',
09     font =('Verdana', 14, 'bold', 'italic'))
10   txt.tag_config('title', justify = CENTER,
11     underline= 1, font =('Arial', 24, 'bold'))
12   txt.tag_config('tine', foreground = 'blue',
13     font = ('Lucida Bright', 14))
14   txt.tag_config('bd', relief = GROOVE,
15     borderwidth = 3, font = ('Levenim MT', 16))
16   # insert() 方法从最后一个字符插入字符串
17   txt.insert(END, 'A Coat\n', 'title')
18   txt.insert(END, 'I made my song a coat\n',
19     'ft_bold')
20   txt.insert(END, 'Covered with embroideries\n',
21     'tine')
22   txt.insert(END, 'From heel to throat\n', 'bd')
23   mainloop()
```

Step 02 保存文件，按【F5】键运行。

程序解说

◆ 第 5 行：建立 Text 控件，并通过属性设置其宽和高。

◆ 第 8~9 行：第一个自行定义的 Tags 方法"tag_config"，名称要用字符串"ft_bold"表示，其后设定了相关属性和属性值，指定字体和字号，样式为粗体加斜体。

◆ 第 10~11 行：第二个自行定义的 Tags 方法的名称为"'title'"，"underline = 1"表示文字要加底线，"justify = CENTER"则表示文字会居中。

◆ 第 17~18 行：使用 insert() 方法插入字符时，可以"ft_bold"名称作为参数值来格式化目前所插入的字符串。

9.2 选项控件

选项控件有两种：Checkbutton（复选框）和 Radiobutton（单选按钮）。Checkbutton 可以多选，但 Radiobutton 则只能从多个项目中选取一个。

9.2.1 Checkbutton 控件

Checkbutton（复选框）的特点是可以从列出的项目中做不同的选择，既可以全部不选，也可以全部选取，还可以只选取你喜欢的某几个。它的常用属性如下表所示。

属性	说明
anchor	设置文字对齐方式
background	设置背景色，可以"bg"取代
foreground	设置前景色，可以"fg"取代
borderwidth	设置框线粗细，可以"bd"取代
relief	配合 borderwidth，设置框线样式
bitmap	设置按钮上显示的图片
font	设置说明
height	设置控件高度

续表

属性	说明
width	设置控件宽度
justify	设置多行文字的对齐方式
text	设置控件中的文字
onvalue / offvalue	设置控件选取 / 未选后所链接的变量值
variable	设置控件所链接的变量

复选框有选取（勾选）和不选取（不勾选）两种状态。

- 选取（勾选）：用默认值"1"表示；使用属性 onvalue 来改变设定值。

- 不选取（未勾选）：用设定值"0"表示；使用属性 offvalue 来改变设定值。

复选框的变量，可使用 Intvar() 和 Stringvar() 方法来处理数值和字符串的问题，示例如下。

```
var = StringVar()
chk = Checkbutton(root, text = ' 音乐 ', variable = var,
    onvalue = ' 音乐 ', offvalue = ")
```

◆ 使用 Stringvar() 方法将变量值转换为字符串。

◆ 将已转换的字符串变量赋值给复选框的属性 variable。再对属性 onvalue 和 offvalue 分别设置已选取和不选取的值。

Intvar() 方法可以改变变量的值，在未选取时用"0"表示，已选取时用"1"表示。

```
vr = IntVar()
chk = Checkbutton(root, text = 'Hello', variable = vr)
chk.var = vtr
```

那么，Checkbutton 是如何配合变量的值来取得勾选项目的？看看下面的范例吧！

■ **范例 CH0903.py——使用复选框**

Step 01 新建空白文档，输入下列程序代码。

```
01   from tkinter import *
02   wnd = Tk()
03   wnd.title(' 勾选兴趣 ')
04   def varStates(): # 响应复选框变量状态
05     print(' 兴趣，有 :', var1.get(), var2.get(), var3.get())
06   ft1 =(' 微软正黑体 ', 14)
07   ft2 = ('Levenim MT', 16)
08   Label(wnd, text = ' 兴趣:  ',
```

```
09      font = ft1).grid(row = 0, column = 0)
10   item1 = ' 音乐 '
11   var1 = StringVar()
12   chk = Checkbutton(wnd, text = item1, font = ft1,
13      variable = var1, onvalue = item1, offvalue = '')
14   chk.grid(row = 0, column = 1)
15   item2 = ' 阅读 '
16   var2 = StringVar()
17   chk2 = Checkbutton(wnd, text = item2, font = ft1,
18      variable = var2, onvalue = item2, offvalue = '')
19   chk2.grid(row = 0, column = 2)
20   item3 = ' 爬山 '
21   var3 = StringVar()
22   chk3 = Checkbutton(wnd, text = item3, font = ft1,
23      variable = var3, onvalue = item3, offvalue = '')
24   chk3.grid(row = 0, column = 3)
25   btnQuit = Button(wnd, text = 'Quit', font = ft2,
26      command = wnd.destroy)
27   btnQuit.grid(row = 2, column = 1, pady = 4)
28   btnShow = Button(wnd, text = 'Show', font = ft2,
29      command = varStates)
30   btnShow.grid(row = 2, column = 2, pady = 4)
31   mainloop()
```

Step 02 保存文件，按【F5】键运行。

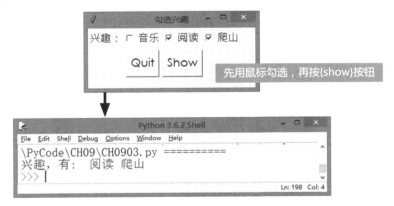

程序解说

- 第 4~5 行：定义方法 varStates()；当复选框被选取时，使用 get() 方法获取并输出其值。

- 第 10 行：设定变量 item1 来作为复选框的属性 text、onvalue 的属性值。

- 第 11 行：使用 Stringvar() 方法将变量 var1 转换为字符串，并指定给复选框的属性 variable 使用，输出复选框"已选取"或"未选取"。

◆ 第 12~13 行：产生复选框并设属性 onvalue、offvalue。

◆ 第 28~29 行：设置按钮 comman 属性为 varStates，表示当按钮被单击时，执行 varStates() 方法。

· 9.2.2 Radiobutton 控件

Radiobutton（单选框）和复选框不一样的地方在于，它只能从多个项目中选择一个，无法多选。它的属性和复选框部分相同，下面介绍其中的两个属性。

- value：用来取得属性 variable 的值，方便与其他控件做链接。
- indicatoron：让单选控件以按钮的方式呈现。

下面用一个范例来介绍其功能。

■ 范例 CH0904.py——单选用的 Radiobutton

Step 01 新建空白文档，输入下列程序代码。

```
01   from tkinter import *
02   # 建立主窗口对象并使用 title() 在标题栏上写出文字
03   wnd = Tk()
04   wnd.title(' 选择城市 ..')
05   def myOptions():
06       print('Your choice is :', var.get())
07   ft = ('Franklin Gothic Book', 14)
08   Label(wnd,
09       text = """ 选择你 –
10   居住的城市： """, font = ft,
11       justify = LEFT, padx = 20).pack()
12   citys = [(' 北京 ', 1), (' 上海 ', 2),
13           (' 天津 ', 3), (' 郑州 ', 4),
14           (' 武汉 ', 5), (' 南京 ', 6)]
15   var = IntVar()
16   var.set(3)
17   for item, val in citys:
18       Radiobutton(wnd, text = item, value = val,
19           font = ft, variable = var, padx = 15,
20           command = myOptions).pack(anchor = W)
```

Step 02 保存文件，按【F5】运行。

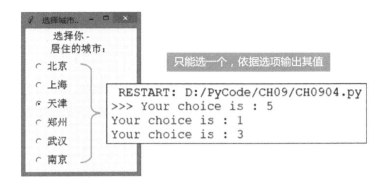

程序解说

◆ 第5~6 行：定义方法 myOptions()，用来响应单选按钮的 command 属性，使用 get() 方法来显示被选取的按钮。

◆ 第 15 行：将单选框的选择情况用 Intvar() 方法转换为数值。

◆ 第 16 行：用 set() 方法设置第三个选项（这里是"天津"）为默认值。

◆ 第 17~20 行：用 for 循环来产生单选按钮并读取 citys 的元素，用属性 variable 取得变量值后，再通过属性 command 使用 myOptions() 来显示被选取的单选按钮。

9.3 绘制图形的 Canvas 控件

Canvas 控件可以用来绘制各种图形，包括绘制线条、几何图形等。由于 Canvas 控件具有画布功能，能通过鼠标的移动做图形的基本绘制，所以它有两种坐标系统。

● Windows 坐标系统，以屏幕的左上角为原点（x = 0, y = 0）。

● Canvas 控件的坐标系统，在指定位置进行绘制。

如果没有特别指明，绘制的对象会以 Canvas 控件的坐标系统为准。

9.3.1 认识 Canvas 控件

可以把 Canvas 控件想象成一块画布，要随心所欲地挥洒色彩，就要先认识其构造函数。

```
Canvas(master = None, cnf = {}, **kw)
```

同样地，所有控件都要加入主窗口对象，再使用 pack() 方法纳入版面管理。下面先了解它的相关属性。

● background（或 bg）：设置背景颜色。

- borderwidth（或 bd）：设置框线粗细。

- foreground（或 fg）：设置前景颜色。

- width/height：用 width、height 设置控件的大小。

有了画布，可以先做一些简单的事，如放上图片。create_bitmap() 方法可以在 Canvas 控件中加载位图，而 create_image() 方法则可以对普通图片进行处理，其语法如下。

create_image(position, **options)

◆ position：坐标位置 x1、y1。

此处 create_image() 方法无法读取一般的图片，只能读取经过处理的 image 对象。所以需要两个步骤来完成读取。

- 用 PhotoImage() 构造函数读取图片，用 image 对象存储。

- 再用 create_image() 方法的参数 image 取得。

下面用一个范例来介绍使用 Canvas 控件加入图片的方法。

■ 范例 CH0905.py——加入图片

Step 01 新建空白文档，输入下列程序代码。

```
01   from tkinter import *
02   # 建立主窗口对象
03   wnd = Tk()
04   wnd.title('Canvas 绘图 ')
05   photo = PhotoImage(file = '001.png')
06   gs = Canvas(wnd)
07   # 加载图片
08   gs.create_image(100, 100, image = photo)
09   gs.pack()
```

Step 02 保存文件，按【F5】键运行。

◆ 第 5 行：加载的图片用 PhotoImage 对象 photo 来存储，可以加载"*.png"或"*.gif"的图片。若载入"*.jpg"格式，有时会产生错误提示，提示信息如下："couldn't recognize data in image file '10.jpg'"。

   ◆ 第 8 行：用 Canvas 控件的对象来使用 create_image() 方法，用参数 image 来取得图片，这里的坐标值以 Canvas 控件所指定的为准。若 create_image() 方法的 position 参数采用 Windows 系统的坐标，图片就会无法显示。

9.3.2 绘制几何图形

如何绘制几何图形？我们可以使用 create_arc() 方法绘制圆弧，也可以使用 create_line() 方法绘制线条。其他方法如下表所示。

方法	说明
create_arc(bbox, **options)	绘制圆弧
create_line(lean, **options)	绘制直线
create_oval(bbox, **options)	绘制椭圆
create_polygon(lean, **options)	绘制多边形
create_rectangle(bbox, **options)	绘制矩形
create_text(position, **options)	绘制文字
create_window(position, **options)	绘制窗口
delete(item)	删除绘制的图形
find_all()	输出所有绘制对象

在画布上绘制几何图形，首先要有主窗口对象，然后再将画布放入主窗口，这样才能进行绘制。

下面用一个示例作出介绍。

```
wnd = Tk()
# 用主窗口来产生画布
gs = Canvas(wnd, width = 250, height = 150)
gs.pack()
# 绘制椭圆形 - 只有外框
gs.create_rectangle(10, 50, 90, 80,
    outline = 'gray', width = 5)
# 绘制椭圆形 - 有外框，也填满色彩
gs.create_rectangle(200, 50, 90, 80, fill = 'orange',
    outline = 'gray', width = 5)
```

   ◆ 左侧矩形只有外框，用"width = 5"设定外框线条宽度。

   ◆ 右侧矩形不但有外框，还用"fill = 'orange'"来设定填满色彩。

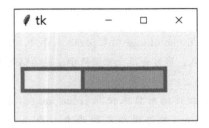

下面介绍在画布上绘制一个椭圆，并绘制文字的方法，如下范例所示。

■ 范例 CH0906.py——绘制椭圆

Step 01 新建空白文档，输入下列程序代码。

```
01    from tkinter import *
02    wnd = Tk()
03    # 用主窗口来产生画布
04    gs = Canvas(wnd, width = 190, height = 150)
05    gs.pack()
06    # 绘制椭圆形
07    gs.create_oval(30, 50, 170, 120, fill = 'sky blue',
08       outline = 'yellow')
09    # 绘制文字
10    gs.create_text(80, 20, text = ' 绘制椭圆 ',
11       fill = 'dark green', font = ( ' 标楷体 ', 26))
12    mainloop()
```

Step 02 保存文件，按【F5】键运行。

程序解说

◆ 第 4、7 行：建立 Canvas 控件的 gs 对象之后调用 create_oval() 方法，方法中的前两个参数为坐标值，后 2 个参数为宽和高，最后通过参数 fill 指定填满色彩。

◆ 第 10 行：使用 create_text() 方法来绘制文字。

■ 范例 CH0907.py——绘制几何图形

Step 01 新建空白文档，输入下列程序代码。

```
01   from tkinter import *
02   wnd = Tk()
03   wnd.title(' 绘制 线条、矩形 ')
04   gs = Canvas(wnd, width = 200, height = 110)#Canvas 对象
05   gs.pack()
06   # 绘制两个矩形
07   gs.create_rectangle(
08       50, 20, 150, 80, fill = '#00CCFF')
09   gs.create_rectangle(
10       65, 35, 135, 65, fill= '#FF00FF')
11   # 绘制 4 个线条 – 左上角
12   gs.create_line(0, 0, 50, 20,
13       fill = '#0E6042', width = 5)
14   # 左下角
15   gs.create_line(0, 110, 50, 80,
16       fill = '#4FE222', width = 4)
17   # 右上角
18   gs.create_line(150, 20, 200, 0,
19       fill = '#476042', width = 3)
20   # 右下角
21   gs.create_line(150, 80, 200, 110,
22       fill = '#0CF042', width = 6)
23   mainloop()
```

Step 02 保存文件，按【F5】键运行。

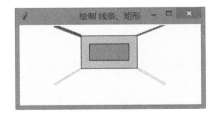

(程序解说)

◆ 第 4 行：根据 Canvas 控件的长、宽属性值来建立一块指定大小的空白画布。

◆ 第 7~8 行：使用 create_rectangle() 方法绘制两个矩形，用参数 fill 填满色彩并设置无外框；此处 RGB 用 16 进制表示为 "#RRGGBB"。

◆ 第 12~13、15~16、18~19、21~22 行：用 create_line() 方法来绘制左上、左下和右上、右下的线条。

提示

Canvas 控件包含于 tkinter 套件内。当然,Python 还提供了其他图形套件,如 turtle 套件,它可以用来绘制有趣的图形。

```
import turtle
pen = turtle.Pen()# 取得画笔
for item in range(50 ) :
    pen.forward(item )
    pen.circle(40 )
```

章节回顾

- 文本框的作用就是接收用户输入的数据。方法 delete() 可以清除同一个区间的字符; 方法 insert() 可以插入字符。

- Entry 可以用来接收输入的单行文字; 所输入的文字利用属性 show 来隐藏原有字符, 改用其他字符显示。

- 选项控件有 2 种: Checkbutton (复选框) 和 Radiobutton (单选按钮)。Checkbutton 提供多选功能, 而 Radiobutton 只能从多个项目中选取一个。

- Canvas 控件可以用来绘图, 包括绘制线条、几何图形等。在 Canvas 控件中加载位图可使用 create_bitmap() 方法。若为一般图片, 可使用 create_image() 方法来处理。